气的秘密

海豚出版社
DOLPHIN BOOKS
CICG 中国国际传播集团

图书在版编目（CIP）数据

运气的秘密 / 余襄子著 . -- 北京 : 海豚出版社，
2024. 8. -- ISBN 978-7-5110-7004-3

Ⅰ . B848.4-49

中国国家版本馆 CIP 数据核字第 2024323J7L 号

出 版 人：王　磊

策　　划：吕玉萍

责任编辑：王　梦

装帧设计：李　荣

责任印制：于浩杰　蔡　丽

法律顾问：中咨律师事务所　殷斌律师

出　　版：海豚出版社

地　　址：北京市西城区百万庄大街 24 号

邮　　编：100037

电　　话：010-68325006（销售）　010-68996147（总编室）

传　　真：010-68996147

印　　刷：三河市燕春印务有限公司

经　　销：全国新华书店及各大网络书店

开　　本：16 开（710mm×1000mm）

印　　张：12

字　　数：144 千

版　　次：2024 年 8 月第 1 版　2024 年 8 月第 1 次印刷

标准书号：ISBN 978-7-5110-7004-3

定　　价：59.00 元

前言

对于大多数人来说，运气是一个神秘而难以捉摸的东西。

在人生的旅途中，有些人似乎一路顺风顺水。他们并没有费太大劲就考上了一所理想的大学。毕业后，他们很快就找到了一份体面的工作，开始了稳定的职业生涯。随后，他们步入了婚姻的殿堂，生儿育女，享受着家庭的温暖和幸福。中年时，他们得到了升职加薪的机会，事业蒸蒸日上。直到退休，他们依然保持着健康的生活方式，享受着晚年的宁静与安逸。

人们常常会感叹：这些人的运气真是太好了，好到让人羡慕不已。

然而，也有些人似乎终其一生都未能顺遂。他们可能复读了几年，才考上了一所比较普通的大学。毕业后，他们连续换了几份工作，但都不太稳定。恋爱期间，他们也经历了不少麻烦，结婚后又陷入了鸡飞狗跳的困境。好不容易熬到了退休，但此时的他们孤身一人，依靠着勉强维持生计的退休金，还时常受到疾病的折磨。

　　人们会忍不住叹息：这些人的运气实在太差了，差到让人怀疑人生。

　　如果我们能够对这两种人进行深入的研究和探讨，就会发现一个有趣的现象：在相同的时代背景下，虽然两个人生活的环境条件相似，但他们的命运却是截然不同。这是什么原因呢？造成这种差异的关键因素就在于他们的性格特点不同，他们面对问题时所采取的策略也不同。

　　从这些有趣的现象中，有些人可能会总结出精辟透彻的人生道理。他们认为，一个人的命运之所以会有如此巨大的差异，很大程度上是因为他们个人能力的强弱不同。那些运气好的人，往往能够抓住生活中的机遇，从而实现自己的价值和目标；那些运气不佳的人，就像一个失明的人，生活充满了无奈和迷茫，即使机遇摆在他们面前，他们也看不到。这样的人，即使好运气降临到他的头上，他也无法把握住，无法将运气转化成实际的能力和成就。

　　如果再进一步深入探讨，究竟什么样的能力可以带来好运，又是什么样的性格能够抓住机遇呢？试问，是不是那些喜欢冒险的人更容易成功呢？因为他们爱冒险，在多次失败后总能选对一次。从概率论的角度来看，他们似乎更容易获得成功。

　　然而，当我们考虑到幸存者偏差时，就会发现情况可能并非如此。何谓幸存者偏差？它是指我们只看到那些成功的例子，而忽略了一些失败的例子。在爱冒险的人群中，十个人中可能有八九个人在追求目标的过程中失败了，只是没有被人们注意到而已。

除了能力与性格外，还有其他因素也会影响一个人能否抓住机遇并取得成功。比如，坚持不懈的努力、良好的人际关系、正确的决策等，对于人们而言，这些因素同样重要，甚至比冒险精神更为关键。

在这个过程中，可能也有人会发现其中存在的一些问题：难道成功就等同于运气好吗？那些前半生坎坎坷坷，一路跌跌撞撞走过来的人，经过一番坚持不懈的努力，最终也获得了成功，能说因为他们运气好吗？

让我们再稍微停顿一会儿，思考一个问题：究竟怎样才算是成功呢？

财富自由是否意味着成功？家庭幸福美满是否代表着成功？拥有几个知心朋友是否算得上成功？

说到这里，相信有些人已经被绕得晕头转向了。那么，让我们再次回顾一下那个问题：运气究竟是什么呢？

实际上，运气并不是一个单一维度的问题，而是一个多维度的问题。它受一个人的眼界、格局、个人能力、人际关系网、自身影响力以及周围环境的共同影响。当我们说一个人运气好时，并不是说他在某一方面取得了成就，而是综合他的人生经历和成就所做出的总结性评论。

阅读了这本书之后，你将会对运气有一个深入的了解，而不再仅仅将其视为一种难以捉摸的神秘力量。

幸运女神不仅存在，而且她有所偏好。她有自己的审美和喜好。总而言之，她更倾向于青睐那些具备开阔眼界、宏大格局、持续成长能力、擅长建立良好人际关系、拥有强大影响力与气场，并置身积极环境中的人。

请问，你是幸运女神喜欢的这一类人吗？

目录

第五章 人际关系——运气的持久度

第六章 影响力——运气的广度

第七章 社会环境——运气的催化剂

第八章　心态——如何看待运气

第一章

运气是一种境界

♀运气是什么？

一说到运气，我就会想起自己曾经历过的两件事。

第一件事，发生在高中读书期间。当时，我的高中校园内有一个小卖部，里面售卖一些零食和饮料。记得那是在高二下半学期的时候，正是春末夏初的时节，天气渐渐炎热起来，我几乎每天都会去小卖部买一瓶"茉莉蜜茶"喝。

有一天，我像往常一样拧开刚买的茉莉蜜茶，准备豪饮一口时，却意外地发现瓶盖上印着几个醒目的字："再来壹瓶"。

更令人难以置信的是，当我再次打开兑换来的那瓶饮料时，瓶盖上竟然又出现了"再来壹瓶"的字样。这样的好事接连发生，在接下来的两个礼拜里，我仿佛被幸运之神眷顾，仅仅用了三块钱，就连续喝到了十几瓶茉莉蜜茶。

我的同桌见证了这一切，他不禁感叹道："你运气真好。"

第二件事，发生在几年前，那时候手机游戏王者荣耀刚刚火起来，我玩过一阵子，然后又退游了一阵子。半年后，我的一个朋友邀请我一起玩王者荣耀，我跟他组队，刚·上去就连赢了好几场。我的朋友说我游戏玩得真棒。其实，我认为自己在游戏方面并没有多少天赋，于是淡淡地回应了一句："只不过是运气好罢了。"

以上两件事，真的只是我运气好吗？

就当时来说，我的确是这么认为的。但是现在回想起来，我当时的"好运"背后，也可能存在一定的必然性。

关于我用一瓶饮料的钱，通过不断的"再来壹瓶"续杯，从而喝到了十几瓶茉莉蜜茶的事，很有可能与当时饮料厂家为了推广自家产品，刺激消费而实施的一种营销手段有关。为此，他们可能特意设计了这样的活动，以吸引更多的顾客，从而扩大市场份额。同时，也可能是厂家为了减轻库存压力，加快产品流通速度而采取的一种策略。

也就是说，在那段时间里，这种饮料的瓶盖上出现"再来壹瓶"的概率非常大。换句话讲，任何人穿越到我那个时代、那个校园，都有可能成为我同桌口中的"幸运儿"。

关于半年后再登王者荣耀，结果连赢好几场的事，相信现在很多人也明白，这已经不再是一个秘密，这是王者荣耀所属公司运用的一种留住用户的算法。这种机制的核心目的是利用玩家的胜利欲望，进一步激发他们继续游戏的兴趣。当玩家在回归后连续获得胜利时，他们会感到兴奋和满足，这种感觉会促使他们想要继续体验更多的胜利。相反，如果玩家在重返游戏后立即遭遇连败，或者输多赢少，那么他们的游戏体验就没有想象中那么好，很有可能会因此变得沮丧，从而减少他们继续玩下去的动力。在这种情况下，玩家可能会失去对游戏的兴趣，最终导致他们不再玩这个游戏。这样一来，游戏公司就会流失大量的用户。

　　为了避免发生这种情况，王者荣耀和其他类似的游戏会特别关注那些被称为"回归玩家"的用户。这些玩家在很长一段时间内没有登录游戏，突然在某一时刻再次尝试。因此，游戏公司通过算法，确保当这些玩家重新登录并开始游戏时，他们会被匹配到一些技术水平远低于他们的玩家，或者是机器人。他们之所以这样做，就是为了让"回归玩家"能够轻松赢得比赛，体验到连胜带来的成就感，从而激发他们继续玩游戏的渴望。

　　因此，换作任何人，只要情况与我相似，都可以轻松带着我那位朋友连续"躺赢"几场比赛。

　　当我们深入探讨并揭开"运气"这一概念的神秘面纱时，就会发现，运气其实并不像我们想象得那样不可捉摸。这个过程可以类比科学史上的一个重大转变：生活在牛顿时代之前的人们，对于天空中的日月星辰为何能够恒定地悬挂于空中而不坠落，感到无比惊奇和困惑。在那个时代，人们缺乏足够的科学知识。因此，他们会用各种神秘的解释来说明这种现象。比如，他们会想象每一颗星球背后都有一位隐形的精灵在不断地推动它，使其保持运动。

　　然而，随着牛顿万有引力定律的发现，这一切发生了翻天覆地的变化。万有引力定律不仅解释了天体为何能够在空中持续运动而不会坠落，还揭示了宇宙中物体之间的相互作用规律。科学家们通过严谨的研究，总结出了一系列的理论和公式。这些科学成果不仅解释了已知的现象，还成功预测了新天体的发现。比如，海王星的存在就是基于万有引力定律的计算而被预测出来的。

同样地，当我们尝试剥去运气的神秘外衣，用科学和理性的眼光去审视它时，我们会发现，运气有其内在的规律和原理。我们可以通过研究和理解那些影响运气的因素，比如机遇、准备和努力，来提高我们对运气的把握能力。

虽然人类社会远比自然世界要复杂得多，但是决定运气的变量也有很多。其中包括一个人身处的时代环境、一个人的性格特点及行为举止。但总体来讲，运气是一种概率。

如果运气真的是由一些神秘因素导致的，那么我们也束手无策，只能等待命运女神的垂青。既然运气是一种概率，我们便有了用武之地。我们可以通过一些方法来提升某件事发生或某件事不发生的概率，从而影响到我们的运气。

回望历史，可以发现，在过去的岁月里，大多数人对于"运气"这一概念的理解是相对有限的。由于种种原因，包括教育水平、信息传播手段的局限以及科技发展的不足，人们对运气的认识往往停留在一个较为模糊和神秘的层面。此外，过去并没有现代科技所提供的便利，比如，长期对个体行为和生活方式进行深入调查和跟踪的技术手段，这使得"运气"这一概念在很大程度上保持了一种难以捉摸的神秘性。

然而，随着时间的推移，我们进入了一个科技高速发展的新时代。现在，我们手中掌握的各种工具和认知资源，比历史上任何时候都要丰富。这些工具和资源为我们提供了前所未有的机会，使我们能够更加深入地探索和理解"运气"这一概念。

通过现代科技，特别是计算机技术的发展，我们现在有能力对运气进行更为精确的观察和分析。科学家们可以通过一系列科学手段，在计算机上建立复杂的模型，模拟运气的各种可能性，从而揭示运气的一些规律和特性。

简而言之，运气不仅真实存在，而且在很多情况下，它对一个人的影响甚至可能超过个人的努力和天赋。这并不是一种空洞无物的励志言辞，而是基于扎实的科学研究所得到的结论。

♀看得见的与看不见的

在生活的舞台上，我们常常目睹他人的辉煌成就，心中不免涌现出一种想法：他们的成功似乎轻而易举，仿佛仅仅是因为幸运地遇到了恰当的时机。我们自问：如果那样的机遇降临到我们身上，我们是否能够取得同样的成功，甚至超越他们，达到更高的成就？

然而，这种观点很可能只是一种片面的理解，仅仅是对事物本质的一知半解。事实上，当我们羡慕他人遇到了好时机时，我们往往只看到了冰山一角。虽然他们的成功和好运是显而易见的，但是，成功的全貌远远不止于此。在他们光鲜亮丽的成就背后，肯定还隐藏着我们未曾看到的努力、汗水、坚持、思维与认知。这些不为人知的因素才是推动他们走向成功的关键。

想象一下，如果你能够穿越时空，回到过去，站在阿里巴巴集团主要创始人马云的起点上。你就会拥有与他相同的机遇，甚至模仿他的每一个决策、每一步行动，试图沿着他的职业轨迹前行。然而，如果你缺乏马云那种独特的智慧、前瞻性的思维和创新能力，那么即使你身处同样的环境，重复他的道路，你也很可能无法达到他的高度。

在很多人的观念中，运气往往被理解为一种难以预测的偶然事件，他们认为好运是随机降临的，没有任何征兆。其实，这种看法忽视了一个事实：运气并非完全凭空而来，它往往是有因可循的。当我们仔细观察那些被认为是"幸运儿"的人的生活轨迹和历史时，就会发现，他们的好运并不是无缘无故突然降临的。

实际上，一个人的好运通常是他们长期努力、态度积极、正确决策以及拥有良好习惯的结果。这些因素可能在不经意间为他们创造了机会，而这些机会在外人看来就是好运气。比如，一个经常帮助他人的人，可能会在某个关键时刻得到意想不到的帮助；一个勤奋学习、不断自我提升的人，可能会在关键时刻抓住机遇，实现职业生涯的飞跃。

此外，有些人之所以能够获得好运，可能是因为他们具有敏锐的观察力和洞察力，能够在众多信息中发现并把握住关键的机会。还有些人可能是因为他们具备的乐观心态和积极应对困难的能力，使得他们在面对挑战时更容易找到解决问题的方法，从而创造出所谓的"好运"。

俗话说："台上一分钟，台下十年功。"

台上的一分钟固然令人向往与着迷，但若是没有台下十年功的努力与坚持，他也不可能会有机会登上台来展示那一分钟。从某种意义上来讲，台上的一分钟是看得见的，而台下的十年功是看不见的。至于"十年功"中还隐藏着多少秘密，外人自然也就更难知晓了。

可能你会认为，台下的十年功是很折磨人的，要十年的努力与坚持，一般人也是做不到的。实际上，努力与坚持固然重要，但方法与所走的路径也很重要。

相信大多数人都听过"南辕北辙"的故事，它出自《战国策·魏策四》，主要讲述了一个人从魏国前往楚国的途中，错误地让马车一直向北走。当有人告诉他应该向南走才能到达楚国时，他却并不在意，认为自己的马很快就能到达目的地。最后，有人阻止他并告诉他方向错误，即使马再快也无法到达楚国了。然而，这个人仍然不以为意，认为自己带了足够的路费，能解决一切问题。

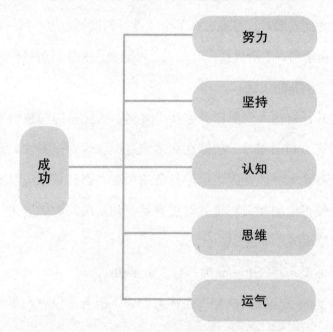

　　这个故事也告诉我们，如果是在一条错误的道路上努力，意味着我们越努力，距离自己的目的地就越远。就算命运女神想青睐我们，也不知该如何下手。

　　因此，除了努力与坚持之外，一个人的认知与思维也同样重要。

　　很多人可能会问：天赋哪去了？难道一个人的成功与天赋无关吗？

　　很多时候，天赋与成功之间并无直接的因果关系，对于大部分人来讲，其实大家天赋都是差不多的。至于为什么有些人的天赋能够被释放出来，而有些人的天赋却永远处于待激活状态，其实这也和运气有着或多或少的关系。

　　当然，当我们在这里提及"运气"这个词，以及整本书中在探讨关于"运气"的概念时，并不是在谈论那种偶然性的好运。比如，某人突然心血来潮购买了彩票，然后意外地中了头奖。虽然这种类型的运气听起来令人兴奋，但实际上对于大多数人来说，并没有实质性的指导意义。这是因为它缺乏可预测性和可复制性，它的发生往往是随机的，不受个人控制。

　　相反，我们在书中所讨论的"运气"，是那种可以通过个人的努力、智慧和策略来提升的幸运。

♀运气有多重要?

相信大多数人对诺贝尔奖都不会感到陌生,但是他们可能并不知道还有搞笑诺贝尔奖。

搞笑诺贝尔奖(IgNobel Prizes)是对诺贝尔奖的一种有趣模仿。它的名称来自 Ignoble(不名誉的)和 Nobel Prize(诺贝尔奖)的结合。搞笑诺贝尔奖的主办方是科学幽默杂志《不可思议研究年报》(*Annals of Improbable Research*,AIR),参与奖项评审的一些评委是真正的诺贝尔奖得主。

设置该奖项的目的是选出那些"乍看之下令人发笑,之后发人深省"的研究。自 1991 年开始,每年都会颁发一次。入选搞笑诺贝尔奖的科学成果必须不同寻常,能够激发人们对科学、医学和技术的兴趣。颁奖仪式通常在每年十月举行,地点在哈佛大学的桑德斯剧场(Sanders Theater)。

尽管搞笑诺贝尔奖的名称和一些获奖项目可能让人觉得滑稽和无厘头,但实际上其中一些研究成果确实具有重要的指导作用。搞笑诺贝尔奖的目的之一就是通过幽默的方式吸引公众对科学的关注,并展示科学研究的多样性和创造力。因此,它们不仅有趣,还具有一定的教育和启发意义。

比如，在 2022 年的时候，搞笑诺贝尔奖将经济学领域的奖项颁给了一个意大利研究团队的一项研究。他们的研究成果以一篇题为"天赋与运气：随机性在成功与失败中的作用"的论文发表。在这篇论文中，他们探讨了随机性因素如何影响个人的成功，以及这种随机性在人们的职业生涯和生活中扮演的角色。

这个研究团队在进行了深入的分析和探讨后，运用数学模型进行了一系列复杂的推演和计算。他们的结论颠覆了传统观念，指出在个人成功的道路上，运气扮演着至关重要的角色。

有一个现象似乎是一个悖论，那就是有很多人的才华和所拥有的财富并不对称。在现实生活中，我们也经常能看到这样的例子，那些才华横溢的人，并不一定很有钱；而那些富豪，却看上去并不是很有能力。

其实，大多数人的智慧和能力应该都是差不多的，符合正态分布的曲线，也就是两头低、中间高的钟形曲线。极聪明和极不聪明的人只是少数，在个人天赋与能力上，人群中十个人里面有八九个人应该是差不多的。然而，若是我们仔细观察一下人类社会中的财富分配，就会发现它们符合"二八法则"（也称为帕累托原则）。也就是说，20% 的人占据了 80% 的财富。

到底是哪些因素使得这两条曲线产生了巨大的差别呢？

研究团队决定构建一个复杂的数学模型，用来模拟人生的种种可能性。这个模型可以被看作是一个虚拟世界的缩影，一个由算法和规则构成的微观宇宙。在这个虚拟的世界中，有 1000 个小人，被随机分布在一张 201×201 的方格棋牌上，每个人占据一个空格。每个小人都有一个预设的能力值，包括智商高低、努力程度、受教育程度等个人属性，数值范围在 0~1 之间，遵循正态分布，平均能力值是 0.6。

此外，他们都拥有 10 块钱的初始资金。在这张棋盘上，还随机撒了一些绿色和红色的点，它们代表着人生中可能遇到的事件，绿点代表幸运事件，红点代表不幸事件。棋盘上的小人都不动，绿点和红点随机移动。遇到绿点后，小人手中的资金就会翻倍，能力值越高，资金翻倍的概率越高。与绿点不同的是，红点是"公平的"，不管小人的天赋值是多少，只要遇上红点，金钱就会一律减半。也就是说，红点代表的是那些难以避开的不幸，比如天灾、车祸、疾病等。

在这个经济模型的模拟实验中，我们观察到了一次有趣的运行结果。在实验开始时，每个参与者都拥有相同的起点，即每人手中握有 10 块钱。然而，随着模拟的进行，经过 80 轮的红点和绿点的随机撒布后，我们看到了财富分配的戏剧性变化。实验结束时，半数参与者几乎一无所有，而最富有的那个人竟然积累了 2560 元钱。

值得注意的是，这位财富积累最多的小人，他的能力值仅为 0.61，这意味着他在所有的参与者中并不突出，他的成功并非源自卓越的能力。他的财富积累实际上是因为他在游戏过程中幸运地多次遇到了绿点，而几乎避开了红点。这就引发了一个问题：那个在模拟开始前被设定为天赋值最高的虚拟人呢？他的运气显然没有前者好，因为最终他手中仅剩下了 0.625 元。

这个模型的设计和运行结果似乎带有一定的戏谑性，但当研究人员对数据进行深入分析后，他们发现了一个令人惊讶的现象：这 1000 个虚拟人的最终财富分布，与现实世界中广泛观察到的"二八法则"不谋而合。

为了验证这一发现是否具有普遍性，研究人员决定将模型运行一万次。每一次模拟的结果都惊人得一致，财富分配始终遵循"二八法则"，这表明之前的结果绝非偶然。更引人注目的是，在这一万次模拟中，最终成为最富有的虚拟人，其能力值通常位于 0.55 到 0.75 之间，这表明他们的才能水平并不是最高的。

通过这些模拟实验，我们可以得出一个结论：在许多情况下，个人的成功并不完全取决于他们的才华或能力。有时候，机遇、运气以及环境因素可能起到了决定性的作用。因此，最有才华的人不一定是最成功的，而最成功的人也不一定是最有才华的。这一发现对于理解现实世界中的经济和社会现象具有重要的启示意义。

一个人成功与否，并不总是与其个人的才华紧密相连。相反，运气或者说偶然的机遇，往往扮演着重要的角色。这一发现无疑颠覆了传统的成功观念，即成功是个人努力和才能的直接结果。

然而，研究人员也强调，现实生活中的情况远比实验模型要复杂得多。虽然这项研究提供了一个有趣的视角，但它可能无法完全捕捉到人生的种种变数和细微差别。尽管如此，研究结果至少向我们揭示了一个被广泛忽视的真相：在我们追求成功的道路上，运气或机遇的作用可能超出了我们的想象。

很多时候，运气在我们的人生中起到了关键性的作用。回顾古代历史上那些关键性的战役，也并非由于指挥官有多么运筹帷幄，而仅仅是因为运气使然。需要注意的是，运气固然重要，但这并不意味着我们今后就可以躺平，直接等待幸运女神的眷顾。一个数再大，如果乘以零，最终的结果也只能是零。

因此，成功与运气、个人努力等其他因素之间的关系，并不是加法关系，而是乘法关系。

♀为什么"福无双至，祸不单行"？

人们常说"福无双至，祸不单行"，这句话似乎蕴含着一个深奥的哲理，让人不禁思考其背后的含义。它究竟是基于怎样的生活观察和经验总结得来的呢？

在人们的生活经历中，幸福和好运就像是性格独立、喜欢保持距离的旅人，它们不会轻易地聚在一起，而是独自到来，静静地为人们的生活增添一抹亮色。而不幸的事件往往不是孤立发生的，它们似乎有着某种相互吸引的力量，一旦发生一件不幸，其他的不幸也会接踵而至，仿佛是一群不请自来的客人，总是结伴而来，让人措手不及。

这种观点是否真的经得起推敲呢？或许这只是人类为了解释生活中的种种不可预测性而创造的一种说法。也许幸福和不幸的到来并没有我们想象中那么复杂，它们可能只是简单地遵循着概率的法则。人们对它们的感知和记忆，总是会受到情绪和心理状态的影响，从而形成了这样的判断。这就好比，人们总是倾向于记住那些对自己不利的事，而忽略生活中的那些小确幸。

此时的你不觉得这个解释有点儿片面吗？

我们不妨来看一个例子。请容我郑重地申明一点：这个故事是真实发生过的，很有戏剧性。当我第一次看到这个故事的时候，也曾一度怀疑这是哪个好事者杜撰出来的段子，后来我去查阅了一些相关资料，才确定这件事是真实存在的。

请试着想象一下，假如你入住了一家酒店，正和朋友们在酒店的花园里聊天喝茶。突然，有几只海鸥从酒店的某一间房间里掉下来。紧接着，还没等你反应过来，一只鞋子也飞了下来，落到了某个人的头上。当你刚想询问他是否有事的时候，你的眼前却突然一片漆黑，因为一条浴巾掉了下来，盖住了你的头。

这究竟是怎么回事？

故事的地点发生在加拿大西部的不列颠哥伦比亚省，这里有一个风景如画的地方，名叫维多利亚市。它与繁忙的温哥华隔水相望，形成了一道独特的自然景观。

维多利亚市有一个费尔蒙特皇后酒店（Fairmont Empress）。这家五星级酒店不仅在当地享有盛誉，而且是国际知名的豪华住宿地。费尔蒙特皇后酒店的建筑历史悠久，它的每一砖、每一瓦都展现出一种古典的优雅和历史的沉淀。

大概在 23 年前，一名加拿大男子遭遇了一次非常倒霉的酒店入住经历，这导致他被酒店列入了禁止入住的"黑名单"，直到前几年才获"解禁"。这位男子名叫尼克·伯奇尔，他出生在加拿大东部，2001 年时，他因为工作原因到加拿大西部出差。

他受朋友所托，带了一手提箱的意大利辣香肠。

当他到达维多利亚时，他选择了费尔蒙特皇后酒店作为他的住宿地。由于担心香肠在行李箱里捂的时间过长会变质，而且酒店客房里没有空调，他一到酒店就把香肠从行李箱中拿出来，打开窗户晾一晾。当时正值四月天，维多利亚市虽步入春天还有些寒冷。伯奇尔晾好香肠后，就出门散步了，出去了大约四五个小时。

然而，等到伯奇尔再回到酒店房间时，他惊呆了。一大群海鸥正在房间里吃香肠。他估计有 40 只。房间里到处是海鸥的粪便、羽毛和一块块被捣烂的香肠，海鸥们扑扇着翅膀满屋子飞，台灯倒了，窗帘也掉了。

伯奇尔气得跑过去扑打海鸥，把它们往窗外赶。有些海鸥被他赶跑了，有些海鸥却又在往回飞。伯奇尔更是气得火冒三丈，脱下鞋子就往海鸥身上打，还顺手拿起酒店的浴巾往海鸥身上扇。最后还有一只海鸥扑在香肠上怎么都不肯走，伯奇尔抓起浴巾扑到它身上，裹住海鸥扔到窗外。

于是，费尔蒙特皇后酒店的花园里就出现了刚刚我让大家想象的那一幕。现在看来，这并不是想象，而是当时的真实情况。

让我们将目光重新移到那个酒店的房间，伯奇尔终于成功地将海鸥赶走了。他突然想起了自己即将参加的一项至关重要的商务活动。然而，这次出差，他只带了一双鞋子。于是，他急忙下楼去寻找自己的鞋子。经过一番寻找，他最终在水沟里找到了那只被他扔下去的鞋子，但鞋子上满是泥巴。

伯奇尔拿着这只脏鞋子回到了房间，他在水龙头下仔细地冲洗着。然而，洗过的鞋子颜色变深，与他那只干净的鞋子形成了鲜明的对比。很显然，他无法穿着这两只颜色不一的鞋子去参加晚宴。

于是，伯奇尔想出了一个办法：他把吹风机塞进鞋里，试图将鞋子烘干。就在这时，电话铃响了。他没有关掉吹风机，就匆忙去隔壁接电话。然而，吹风机从鞋子里滑出来，掉进了洗手池，导致电线短路，酒店的多个房间因此停电。

事后，伯奇尔反思道：如果他当时能冷静下来，就应该想到把那只干净的鞋子弄湿，而不是试图把湿的鞋子吹干。

由于时间紧迫，伯奇尔只好打电话给前台，请求保洁人员来打扫房间。伯奇尔回忆道："我至今仍然记得那名（保洁）女士开门时脸上的表情，而我根本不知道该跟她说什么，我只能对她说'对不起'，然后匆匆去参加晚宴。"

晚宴结束后，伯奇尔回到房间，发现房间已经被打扫得干干净净。然而，他的个人物品却不见了。他急忙跑去询问酒店，才知道他的行李被转移到了行李间。酒店的工作人员告诉他，费尔蒙特皇后酒店不再欢迎他。这一事件让伯奇尔深感遗憾，也给他留下了深刻的印象。

很多年以后，伯奇尔亲自致信费尔蒙特皇后酒店，并请求原谅。最终，酒店将他的名字从黑名单中删除了。

纵观伯奇尔那一天的经历，大多数人都会觉得他很倒霉，接二连三的坏运气降临到他的头上，最终导致了一场闹剧。从这个例子中，我们似乎也可以深刻意识到什么是"祸不单行"。

实际上，对于许多人来说，一次不幸的遭遇往往足以给他们的生活带来长期的影响。有时候，这种不幸可能只是一个小小的挫折。但对于那些经历它的人来说，却可能像是一场无法摆脱的噩梦，长时间在他们的心灵深处留下一片阴影。更为严重的是，这些坏运气往往不会就此止步，它们可能会被不断地放大，就像蝴蝶效应一样，一件小事可能会引发连锁反应，最终演变成一场无法收拾的灾难。

在我们的生活中，这种现象并不罕见。伯奇尔的例子或许只是众多类似案例中的一个。在我们周围，不乏有人因为一次偶然的不幸，比如失业、健康问题或是财务危机，而陷入一个恶性循环。这些事件虽然一开始看似微不足道，但随着时间的推移，可能会对个人的心理状态、职业发展甚至是人际关系产生深远的影响。

比如，一个人可能因为一次投资失败而损失大部分积蓄，这不仅仅意味着经济上的损失，也导致他对自己的能力产生怀疑，进而影响到他未来的决策和行动。这种自我怀疑可能会蔓延到他的职业生涯，使得他在面对新的机遇时缺乏信心，从而错失重要的发展机会。同样的，这种心理状态也可能影响到他的社交生活，使得他在与人交往时更加谨慎，进而影响到他的人际关系和社交圈。

简单来讲，一次的坏运气会导致我们的心态发生变化。由于受到情绪的影响，我们会变得焦虑、急躁，甚至失去理智，从而使得我们接下来的决策也变得愚蠢，低于正常水平。这样的状态，很可能又会导致另一件事情被我们搞砸。就这样，坏运气会接二连三地朝我们袭来，这就是所谓的"祸不单行"。

那么，有没有可能避免这样的事情发生呢？能不能在一次厄运发生的时候，就做些尝试，从而隔绝接下来可能会带来的其他厄运呢？

现在，假如我们可以回到那个时间点，就当自己是伯奇尔，我们是否有办法避免这一系列闹剧的发生呢？

我想，显然是有的。比如，一边驱赶海鸥，一边将香肠收起来，并关上窗户。或者在吹鞋子的途中，电话响了，将电源拔掉后再去另一个房间接电话。

当我们遇到倒霉事的时候，一定不能急躁，要冷静下来分析，有些已经损失的，我们不妨就让他们损失掉。因为局部的损失，往往能保住整体的利益。这就好比，你发现家里的一颗苹果腐烂了一部分，最好的做法是将其全部扔掉，而不是将腐烂的那一部分扔掉，将剩下的吃掉。因为若是这样，你可能就要去医院里面走一圈了。

所以，当倒霉事刚发生的时候，我们既不能慌张，也不能掉以轻心，而是要做到"谨言慎行，如履薄冰"。

♀运气的"马太效应"

在我们的生活轨迹中，常常被告知失败是成功之前必经的阶梯，它被视为成功的催化剂，是一种必要的经验积累。然而，这种观念并不总是成立的。实际上，失败并不一定是通向成功的桥梁，有时它只是一次纯粹的挫折，一个无法逾越的障碍。相反，成功却往往孕育着更多的成功。

从某种角度来说，这种现象可以被归结为运气的"马太效应"。"马太效应"是指好的愈好，坏的愈坏，多的愈多，少的愈少的一种两极分化现象。在现实生活中，这个概念被用来形容资源、机会等倾向于那些已经拥有的人或事物。成功作为一种资源和机会的象征，往往会吸引更多的成功。当一个人或一个项目取得了初步的成功，他们就会获得更多的关注、资源和机会，从而更有可能取得成功。

运气的"马太效应"，从某种程度也可被称为运气的"飞轮效应"，可以理解为一种积累和增长的过程。当一个人或一个组织在某个领域或某个方面取得一定的成功时，这种成功或许部分来源于运气，这种成功会为他们带来更多的机会和资源，进而增加他们取得更多成功的可能性，而整个过程，就显得他们越来越幸运。这个积累和增长的过程，就是运气或成功的叠加。

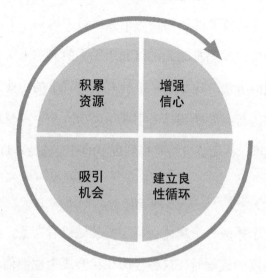

◆ **积累资源**

当一个人或一个组织在特定的领域或某个特定方面取得了一定程度的成功时，他们往往会积累起一系列的资源。这些资源不仅仅是物质上的财富，还包括无形的声誉和广泛的人脉网络。比如，如果一个企业在市场上取得了显著的成就，它可能会获得丰厚的利润，同时也会因为其品牌价值的提升，赢得更多的社会认可和客户信任。

随着资源的积累，这些个人或组织就能够利用这些资源获取更多的机遇。财富使他们有能力投资新项目或扩大现有业务，声誉为他们吸引更优秀的人才或合作伙伴，良好的人脉关系则帮助他们打开新的市场或获取关键的信息。这些资源的相互作用，形成了一个正向的循环，使得那些已经取得一定成就的个人或组织更有可能在未来的发展中继续取得成功。

此外，这些资源的积累还为个人或组织提供了更多的支持。当他们遇到挑战或困难时，可以利用手头的资源来缓解压力，寻找解决问题的方法。比如，一个拥有充足资金的企业，可以在市场低迷时期进行必要的调整而不至于破产；一个声誉良好的个人或组织，也可以在面临危机时得到更多的社会支持和理解。

◆ 增强信心

当一个个体或一个集体在特定的领域或者在某一特定方面获得了一定程度的成就时，这种经历往往会成为他们信心的源泉。成功的经历能够显著地增强他们的自我信念和自信心，让他们认为好运常伴身边，使他们相信自己具备达成目标的能力。

这种由成功孕育出的自信和信念，是一种强大的内在动力。它激发着人们的积极性和主动性，驱使他们不再满足于当前的成就，而是更加勇敢地面对挑战，更加积极地去探索新的机会。在这样的心态驱动下，他们会更加努力地工作，更加热情地追求自己的梦想和目标。

通过不断地尝试和努力，这种积极的态度和行动会为他们创造新的可能性，使得他们在未来拥有更多成功的机会。因为成功总是偏爱那些有准备的头脑，而自信心正是这种准备的重要组成部分。拥有自信心的人更有勇气去冒险，更有决心去克服困难，从而在人生的征途中不断地创造新的辉煌。

◆ 吸引机会

当一个个体或一个集体在特定的行业或者特定的领域内，通过不懈的努力和恰当的策略取得了一定的成就时，他们往往会成为众人关注的焦点。一旦他们在某个方面展现出了卓越的表现，无论是创新、领导力，还是其他任何形式的优势，都可能会吸引更多的机会，这些机会可能来自多个方面。

首先，其他的个人、团队或者组织，当他们观察到某个人或组织的成功时，他们可能会希望与这个成功者建立联系，以便从他们的成功经验中学习，或者寻求合作的可能性，以期共同实现更大的目标。这种合作可能涉及共享资源、交换知识或者联合开发新的项目。

其次，成功的个人或组织往往拥有丰富的经验和宝贵的资源，其中包括人脉网络、专业知识、技术支持等。其他人或组织可能会寻求与他们合作，以便利用这些资源来加速自己的成长或者提高效率。通过这种合作，双方都能从中受益，而成功的个人或组织则可以进一步扩大他们的影响力。

最后，随着成功案例的增多，这些个人或组织的声誉也会随之提高，进而提升他们吸引新机会的能力。他们的成功故事会被更多的人知晓，形成一种良性循环。他们的成功不仅为他们自身带来了更多的机遇，也为他们所在的领域或者行业带来了积极的影响，有力地推动了整个行业的发展和进步。

◆ 建立良性循环

当一个人或者一个组织在某个特定的领域或者某个具体的方面，通过自身的努力和坚持取得了一定的成功时，他们就有可能通过不断的积累和增长，建立起一个良性的循环。这个良性的循环就像是一种推动力，可以持续地推动他们向前进步，取得更大的成就。

在这个良性循环中，他们的成功就像是一把钥匙，可以为他们打开更多的机会之门，让幸运降临，带来更多的资源。这些机会和资源可以给他们提供更多的发展空间，增加取得更大成功的可能性。这种可能性就像是一颗种子，只要得到足够的阳光和水分，就有可能生根发芽，开花结果。而这个结果，又会为他们带来更多的机会和资源，形成一个新的良性循环。

这种良性循环，可以持续地推动着他们取得更大的成就。他们的成就，就像是一座高山，越是攀登，就能看得更远，越能感受到成功和好运带来的喜悦。这又能激励他们更加努力地去追求更高的目标，取得更大的成就。

♀决定运气的"六度空间"

从上面的篇章中，我们总结出以下三点：

运气是一种概率。

运气对于一个人的成就与成功非常重要，甚至比天赋与能力更重要。

运气是可以改变的，也就是通过人为调整参数，使得运气降临的概率变大。

那么问题就来了，影响运气的参数是什么呢？

在我看来，除了前面提及的因素之外，运气还有另外一种维度下的影响因素：

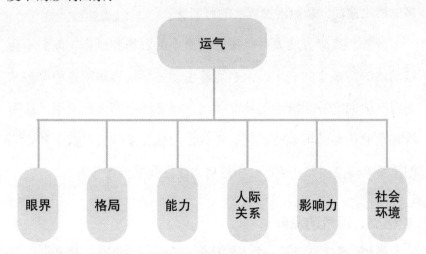

◆ 眼界：运气的高度

眼界，决定了一个人对世界的认知和理解的广度和深度。它不仅影响着我们对周围环境的看法，也在很大程度上塑造了我们对生活的理解和对未来的期待。在运气的影响因素中，眼界的高度更是成为决定一个人对机遇敏感度和把握能力的关键因素。

具有高眼界的人，他们的视野不会局限于眼前的一亩三分地，而是能够看到更多的机会和可能性。他们的思维不受狭隘视野的束缚，而是能够拓宽思维的边界，从更广阔的角度去思考问题。这种宽广的视野使他们能够更好地把握住机遇，因为他们能够看到别人看不到的东西，能够发现别人忽略的细节和趋势。

那些高眼界的人，他们通常具备开放的思维和无穷的好奇心。他们不满足于现状，愿意接触新事物，学习新知识，与不同领域的人交流和合作。他们能够从不同的角度去思考问题，去寻找创新的解决方案。这种思维方式使他们在面对问题时，能够找到更多的解决途径，从而增加成功的可能性。

此外，高眼界的人可以接触到更多的资源和机会。他们不会被动地等待机会的到来，而是能够主动去寻找和利用各种渠道和平台。他们能够积极参与社交活动，建立广泛的人脉关系，从而增加获取机会的可能性。他们知道，人脉关系是获取信息和资源的重要渠道。因此，他们会积极地去建立和维护这些关系。

◆ 格局：运气的宽度

格局，不仅决定了一个人对待问题和处理事务的广度和深度，也影响了一个人如何面对运气的波动，以及如何在机遇与挑战面前展现出自己的能力。

实际上，当我们谈论格局的宽度时，就是在讨论一个人的思维视野和行动范围。具有大格局的人，他们的思维不会被狭窄的边界所限制，他们能够超越传统思维的框架，看到更为广阔的世界。这种宽广的视野使他们能够捕捉到更多的可能性和选择，在面对问题时能够从多个角度进行思考，寻找到更多的解决方案。

那些大格局的人，不仅视野广阔，还具备一种开放的心态和灵活的思维方式。他们不会固守旧有的观点和做法，而是愿意接受新的思想，勇于面对新的挑战。他们敢于尝试未知的事物，敢于走出舒适区，这种勇气和探索精神能带领他们找到创新的方法，从而在应对各种问题时更加得心应手。

此外，在人际交往中，具有大格局的人也展现出了他们的优势。他们能够与来自不同领域、拥有不同背景的人进行有效的合作和交流。他们懂得借鉴其他领域的经验和思维方式，这不仅能够提升他们的能力，还能拓宽他们的视野，并建立起广泛的人脉关系。这些关系会在他们需要资源和支持时，提供巨大的帮助。

简而言之，格局越宽，一个人获得好运气的机会就越多。

◆ 能力：运气的深度

尽管在某些时候，运气似乎比能力更为关键，但我们不能忽视能力在增强运气方面的作用。

　　我们需要认识到，虽然运气可以为我们带来机遇，但是如何把握和利用这些机遇，却取决于我们的能力。一个人的能力水平，尤其是知识和技能，决定了他是否能够抓住机遇并充分利用它们。如果一个人具备深厚的专业知识和技能，并且拥有出色的执行力和判断力，那么即使他们遇到了一些看似微不足道的机遇，也能够通过自己的努力，将这些机遇转化为巨大的成功。

　　反之，如果一个人缺乏必要的能力，即使有再好的机遇，他们也可能无法充分利用，甚至可能会错失良机。因此，提升能力不仅可以帮助我们更好地把握和利用机遇，也可以在一定程度上帮助我们接住运气。

　　有时候，好运可能只是短暂的，但真正的成功往往需要我们用深厚的能力作为支撑。只有具备了足够的能力，我们才能在运气的推动下，走得更远，取得更大的成功。

◆ 人际关系：运气的持久度

　　人际关系不仅影响着我们的日常生活，还对我们的运气的持久性产生着深远的影响。人际关系，简而言之，就是个体与其他人之间的相互交往和互动，它包括我们的朋友、家人、同事以及其他社交圈中的人。一个健康的人际关系网络，能够为个体带来更多的机遇和资源。

　　一方面，人际关系是个体扩展社交圈子的重要途径。通过与他人建立和维护关系，个体能够接触到更为广泛的社会资源和信息。这种广泛的社交网络，为个体提供了更多的机遇，从而增加了遇到好运的可能性。比如，在职场环境中，一个人如果能够建立和维护广泛的人脉关系，他可能会更容易获得工作机会，或者在需要的时候更容易得到他人的推荐和帮助。

另一方面，人际关系还能够为个体提供必要的支持和帮助。当个体面临困难或者挑战时，一个强大的人际关系网络可以为他们提供各种形式的支持，包括情感上的支持、资源的分享、经验的传授等。这些支持和帮助能够帮助个体更好地应对困难，渡过难关，从而在一定程度上延续和增强了他们的运气。

◆ 影响力：运气的广度

个人的影响力，即一个人在社会交往中对他人以及周围环境产生的作用和影响的强度，在很大程度上塑造了一个人的运气。影响力的大小不仅关系到一个人能否吸引他人的注意，还决定了他能否在各种社会活动中扮演重要的角色。

影响力大的人通常拥有更广泛的社交网络，他们的言行能够吸引更多的关注，他们的意见和决策往往能够影响更多的人。这种能力的增强，使得他们在社会中获得的机会和资源也随之增加。无论是在职场晋升、商业合作还是日常生活中，他们更容易得到他人的信任和支持，从而为自己创造更多的好运。

此外，当一个人的影响力扩大时，他所能触及的广度和深度也会相应提升。这就意味着他们不仅能够影响更多的人，还能够将这种影响作用到更深的层面。这样的影响力可以转化为更大的社会认可及更多的合作机会，甚至是更大的成功可能性。

因此，我们可以看到，个人影响力的大小与其运气的好坏之间存在着密切的联系。如果一个人能够有效地提升自己的影响力，那么他在社会中的地位和作用将会更加显著。相应地，他所遇到的机遇和好运也会随之增多。这不仅仅是因为影响力的提升带来了更多的机会，更是因为影响力的增强使得个人能够更好地把握这些机会，从而在人生的旅途中创造出更加丰富多彩的篇章。

◆ 社会环境：运气的催化剂

首先，社会环境中的机会分配和资源分配很多时候是不均的。有时候，机会和资源可能集中在少数人手中，从而限制了其他人得到好运的机会。比如，一个社会中，教育和就业机会主要集中在一部分人手中，那么其他人就可能受到限制。相反，在一个机会和资源更加平等的社会环境中，个人获得好运的可能性可能会更高。这是因为在这样的环境中，每个人都有相同机会去实现自己的目标，从而使得他们的运气更加可预测。

其次，社会环境中的竞争程度也会影响个人的运气。在一个竞争激烈的社会环境中，个人的运气可能更加不确定。这是因为在这样的环境中，个人的能力、努力、机遇等因素，都可能影响一个人在竞争中的表现和结果。在竞争相对较少的社会环境中，个人获得好运的可能性可能会更高。这是因为在这样的环境中，相对较少的竞争对个人的结果产生的影响较小，从而使得他们的运气更加可预测。

最后，社会环境中的支持和合作网络也会对个人的运气产生影响。在一个有着良好合作和支持网络的社会环境中，个人可以获得更多的帮助和支持，从而提高自己的好运概率。比如，一个人生活在一个有着强大社区支持的环境中，他可能会更容易找到工作，获得教育机会。相反，如果一个人生活在一个缺乏合作和支持网络的社会环境中，他可能会更加孤立，好运概率可能也会因此较低。

只有我们同时提升了这六个方面的能力，运气才能发挥作用，并产生几何级数的增长。你会发现，就算是两个拥有同样天赋与背景的人，他们之间的差距也可以是十万八千里，这差距正源于这六个方面。

要知道，在运气的加持下，差之毫厘就能造成天壤之别。

这六个因素，或者六个维度是我们可以通过自身的努力加以控制的，但运气也有不可控制的部分，比如各种不可抗力，当我们遇到这些事情的时候，只能控制自己面对厄运时的心态，这是本书第八章将要讲述的。

第一章 · 运气是一种境界

第二章

眼界
——运气的高度

♀ 心有多大，天就有多高

要想获得幸运女神的青睐，就得相信自己会获得好运，同时要时刻期待好运的到来。

这并不是一句"鸡汤"，而是有科学理论支撑的一个可靠性结论。

积极的信念和自信对于个人的幸运有着重要的影响。当我们相信自己会获得好运时，就会敏锐地察觉到周围的机会，并更加积极主动地去追求它们。这种积极的心态使我们更有可能吸引好运，因为吸引力法则告诉我们，我们的能量和思想会吸引与之相似的事物。

在心理学领域，目前已经有很多实验证实了"观念"对人的积极影响。在心理学中，也有一个词叫"自证预言"。

自证预言的一个经典实验是罗森塔尔和雅各布森（Rosenthal & Jacobson）于1968年进行的"智商爆发"实验。

在这个实验中，研究者选择了一所学校，并告诉教师某些学生具有潜在的高智商，即"智商爆发"。然而，这些学生并非真正具有高智商，而是基于随机选择的结果。换句话说，他们与普通学生并没有真正的智商差异。

尽管如此，教师们对这些被标记为"智商爆发"的学生产生了更高的期望。他们认为，这些学生具有更大的潜力，因此在教学过程中给予他们更多关注和支持。这种积极的教学方式不仅包括更多的鼓励和赞赏，还涉及更多的挑战和机会，以激发学生的潜能。

令人惊讶的是，结果显示这些被标记为"智商爆发"的学生在后续的测试中表现出更好的学习成绩。与其他学生相比，他们的学习成绩显著提高。这一结果表明，教师的期望和信念对学生的表现产生了积极的影响。

同时，这个实验也揭示了自证预言的力量，即人们的期望和信念能够塑造现实。在这种情况下，教师对某些学生的期望提高了，他们对这些学生的教学方式也变得更加积极，才能促使这些学生在学术上取得更好的成绩。

这也被称为"皮格马利翁效应"和"罗森塔尔效应"。

当然，有一个"斯坦福监狱实验"也从侧面说明了这一点。

这个引人深思的实验是由斯坦福大学的著名心理学家菲利普·泽姆巴多（Philip Zimbardo）设计和执行的。在这次实验中，一群志愿者被精心挑选并随机分配到了两个不同的角色组：一组扮演监狱囚犯，另一组则扮演监狱警卫。这些志愿者被放置在一个精心设计的模拟监狱环境中，这个环境尽可能地模仿了真实监狱的条件和氛围。

在实验开始之初，所有的参与者都明确知道，他们并没有真正的犯罪记录，也没有接受过任何形式的警察或警卫训练。然而，随着实验的深入，令人震惊的是，这些志愿者开始在他们的角色扮演中逐渐展现出与其所扮演的角色高度一致的行为模式和态度。那些扮演囚犯的志愿者开始表现出被动、顺从，甚至是绝望的特征，而扮演警卫的志愿者则开始展现出权威、严厉，甚至有时候是残酷的行为。

这个实验的结果不仅揭示了人们在特定社会角色下可能出现的心理和行为变化，还深刻地展示了自证预言的强大效应。在这个实验中，没有犯罪背景的志愿者在扮演囚犯的角色时，开始展现出与囚犯相关的行为。同样地，没有警察训练的志愿者在扮演警卫的角色时，也开始采取警卫的行为。这种现象表明，人们的行为和态度在很大程度上受到他们对自己角色的认知和期望的影响。

这也是为什么我在平时的生活中，经常给我的朋友们贴上正面标签的一个最重要的原因，因为这种方法真的有效。当你相信你的朋友是一个乐于助人的人时，并时不时地透露出这一点，那么他就会不自觉地朝着这个标签靠拢。当然，这并不意味着我们要有一些"不切实际"与"自私自利"的期望，而是要在生活中有充分发现美的眼睛。

至少在下一次照镜子的时候，要告诉自己："心有多大，天就有多高。"

此外，科学研究还发现，乐观和积极的情绪状态也有助于提高我们的创造力和解决问题的能力。当我们相信自己会获得好运时，我们会更加开放地思考和行动，从而更容易找到解决问题的方法和创造机会的途径。

♀你要做那个井底之蛙吗?

庄子曾在《庄子·秋水》中写道:"井蛙不可以语于海者,拘于虚也。"从字面上看,这句话的意思是说,生活在井底的青蛙无法与大海进行对话,因为它的认知和体验仅限于那狭小的井口。这里的"虚"指的是井口,意味着青蛙的世界被限制在一个非常有限的空间之内。

其实,庄子是想通过这个比喻传达一个深刻的道理。井底的青蛙,由于其生活的范围仅限于井内,因此无法想象或理解海洋的辽阔和深邃。这种局限性不仅仅是物理空间上的限制,更是认知和心灵上的束缚。

后来,"井蛙之见"这个成语被广泛用来比喻那些眼界狭窄、见识短浅的人。它警示我们,如果一个人的视野和经验只局限于一个非常小的范围内,那么他的思想和理解力就会受到极大的限制。这样的人很难理解和接受超出他们认知范围的事物,就像井底的青蛙无法理解海洋的广阔一样。

在历史上,这样短视的人并不少见,比如汉末三国的袁术。

袁术是袁绍同父异母的弟弟,虽然是弟弟,但地位却比袁绍高。因为袁术的母亲是父亲的正妻,而袁绍的母亲地位却比较低微。

在汉末乱世中，汉室倾危，中央集权逐渐削弱，各地诸侯纷纷显露出对于大汉帝国政权的觊觎之心。这些诸侯虽然怀有篡位的野心，但都深知率先发难的风险，因此没有人愿意成为众矢之的。然而，袁术却站了出来，不顾一切地称帝。

袁术的这一行为，无疑是在乱世中投下了一枚重磅炸弹，引起了极大的震动。他自立为帝后，沉溺于个人的享乐之中，忽视了百姓的生死福祉。袁术的生活极度奢侈荒淫，他不仅征收重税，还滥用民力。

由于袁术的暴政，江淮地区的百姓生活陷入了极度困苦的境地，许多人因为饥饿和疾病死去。一时间民心涣散，部众离心离德。在这种内忧外患的情况下，袁术的政权很快就受到了其他势力的挑战。

这时候，吕布和曹操这两大势力向袁术的政权发起了攻击。吕布以其勇猛的武力，曹操则凭借其精明的政治策略，相继攻破了袁术的防线，给予了他沉重的打击。袁术的政权在这些冲突中元气大伤，最终，袁术众叛亲离，在曹操的追击中吐血身亡。

据《三国志》记载，袁术在临终前想喝一口蜂蜜水，但当时的环境哪还有蜂蜜。在没有得到自己想要的蜂蜜水后，袁术吐血而亡。不知在生命的最后几分钟，袁术是否意识到，自己的短视是导致自己灭亡的最重要的原因。无疑，他就是一个井底之蛙，只看到了眼前的利益，而忽视了长远的发展。

试问，对于袁术这样的人来讲，就算给他再多的运气，他的结局又能有多大的改变呢？

首先，他出生于一个显赫的家族，仿佛是天选之子，一生下来就注定要享有无尽的荣耀与权力。然而，袁术却对这些天赋的优势视而不见，没有好好利用这些资源，反而让出身相对较低的哥哥袁绍抢走了本应由他享有的荣耀和地位。

其次，袁术在地理位置上也占据了得天独厚的优势。在那个群雄割据、战乱频发的时代，他在群雄讨伐董卓失败后，意外地获得了南阳这片土地。历史上，刘秀便是从南阳起兵，最终建立了东汉王朝。因此，南阳出身的皇亲国戚和开国功臣不计其数，使得南阳在东汉时期享有类似"特区"的特殊待遇，这无疑为袁术提供了巨大的发展潜力。

最后，袁术还拥有当时名义上归属于自己的善战大将孙坚。孙坚作为一名勇猛的将领，他的军事才能和战斗力在当时是无人能出其右的。如果袁术能够妥善运用孙坚的军事才华，那么他的政治前途将更加光明。

你能说袁术的运气不好吗？

只可惜，天时地利都占据了，他却因为自己的短视而在三国乱世中早早下台，起手就拥有一副好牌，却被袁术轻而易举地败光了。袁术颇有一丝"燕雀安知鸿鹄之志哉"的壮志，但他的眼界与他的志向并不匹配。

因此，要避免成为"井蛙"，光有心比天高的志向是远远不够的，眼界才是你能飞多高的决定性因素。若是再加上运气的加持，大概率是如虎添翼的。有时候，虽然运气是无法预测和掌握的，但拥有开阔的眼界和充实的能力，可以让我们更好地抓住机遇，让运气更有可能成为我们成功的助推器。

♀ 假如生活欺骗了你

你是否被生活欺骗过呢？是否怀疑过整个世界都在与自己作对呢？

很多时候，我们的生活并非一帆风顺，而且我们在面对一些困境的时候，总觉得束手无策。正如安意如在《人生若只如初见》中所言："命运伸出手来，我们无能为力。"

假如有一天你发现，生活真的欺骗了你，你又能怎么办呢？

先不要急着回答这个问题，我们先来看一个人的经历。

此人出生于美国中部密苏里的农村，我们暂称他为小 A。他来自一个并不富裕的草根家庭，父母均为农民。这样的出身在许多人眼中或许并不起眼，但小 A 接下来的经历却颇为引人入胜。

在读完高中后，小 A 没有钱去上大学，这似乎是命运开的一个玩笑。因为在当时看来，上了大学才有更多的机会和出路。幸运的是，当时美国也有一些不用学费就能上的大学，那就是陆军学院。但不幸的是，小 A 的视力并不满足陆军学院招生的标准，当时也没有激光手术，因此小 A 只能另谋出路。

无奈之下，小 A 只好放弃升学这条路，先进入社会打工，贴补家用。

　　小 A 的青春岁月一直是在家乡的农村度过的，他做过杂工，也干过农活。眼看到了该结婚的年纪，小 A 向中学时的一位女同学求婚，结果被拒绝了。这让小 A 颇受打击，他觉得自己的运气好差，生活似乎故意在与他作对。他感到前所未有的沮丧和无助，仿佛被命运之手无情地推向困境的边缘。但是，小 A 很快就从挫折中站了起来。

　　在密苏里州国民警卫队服役期间，小 A 利用业余时间学习了法律，由此可以看出，小 A 是一个勤奋上进的人。但是，小 A 却一直没有机会从事法律方面的工作，似乎是老天忘记了他，并没有给予他足够的重视。

　　一战期间，小 A 作为一名炮兵上尉前往欧洲大陆法国作战，因为表现英勇而获得了少校的头衔。小 A 似乎即将迎来自己的光辉岁月。当时正值第一次世界大战，对他来说是一个建功立业的好机会。然而，老天在这时候又和小 A 开起了玩笑。战争结束后，各国都开始了裁军，小 A 很不幸地又没有了去处。

　　后来，小 A 和战友合伙开了一家男子服饰用品商店，眼看着生意有所好转了。谁料，经济危机又到来了，小 A 的店被迫关门。

　　小 A 随即投身于政界，因为他认为时任财政部部长安德鲁·梅隆的政策不利于穷人，于是出于内心的一份热情，转而向政界进发，他通过竞选当上了当地小县的法官。

　　好景不长，两年后，他被选下去了。此时的他，已经 50 岁了。他决定去竞选密苏里州的参议员，但并没有获得所属党派（民主党）的支持。难道他的一生只能这样度过吗？

谁料，民主党的四位候选人都因某种原因不适合或者不愿意竞选参议员，因此民主党只好勉为其难，将他推了上去。在接下来的选举中，他战胜了共和党的候选人。

1944年，罗斯福要第四次竞选总统了，当时他的健康每况愈下，知道自己多半会在任职总统的期间去世。按照美国法律，当在任总统于任期内去世时，副总统将会直接升任为总统。罗斯福当时最好的搭档是与苏联走得很近的华莱士，按理说，他会继续充当罗斯福的左膀右臂，继续担任副总统。但是以华莱士的行事风格与政治主张，必定会导致美国社会的分裂。于是，出于对这一情况的考虑，罗斯福选择了一直不引人注意的小A。

1945年，在二战即将进入尾声的时候，罗斯福去世，小A继任了总统。

相信看到这里，很多朋友都恍然大悟，原来小A就是美国历史上第33任总统杜鲁门。

故事还没完，1948年，美国再次举行总统竞选。杜鲁门在争取连任的时候，其实情况也并不好，很多人都不支持他。在盖洛普民意调查中，他一直落后于对手。面对困境，杜鲁门并没有放弃，而是选择在很多人看来最笨的方法，就是一个选区一个选区地为自己拉票，有时甚至一天要做很多场演讲。

其实，听杜鲁门演讲的人寥寥无几，有时就几个人。但杜鲁门依旧认认真真地讲。最终，他成功连任了。

纵观杜鲁门的一生，他的运气真的不算好，甚至很多次都是坏运气，颇像"命运与他开了几个玩笑"。

有些朋友可能会想到孟子说的那句话："天将降大任于斯人也，必先苦其心志，劳其筋骨，饿其体肤……"

因此，在面对坏运气的时候，我们不能放弃，要坚持到底，要相信自己一定会取得最后的胜利。

除了不能放弃，更重要的是，要心态平和，不要怨天尤人，要有足够的耐心。

其实，每个人的人生都是一场马拉松，并不是百米赛跑。有时候，在当下跑得慢了一点儿，或迎面撞上了一堵墙，都是司空见惯的事，但不要就此以为自己就是衰神体质，认为好运不会降临到自己头上。因为人生是一场漫长的马拉松，善战者也从不争一城一池之得失。

就像打牌一样，也许你的开局手牌并不好，但只要不下牌桌，就永远有机会。当你自暴自弃、愤世嫉俗的时候，就意味着你已经离开了人生的这张牌桌。毕竟就算命运女神想伸出手来帮你一把，也要有相应的契机。

所以，当你感觉自己被生活欺骗了时，请保持足够的耐心。当然，你也要有好的方法和持之以恒的努力。只有这样，好运才会降临。

运气的本质是概率，我们唯一能做的，就是不断提高这个概率。努力、坚持、积极的态度和正确的方法都可以增加我们获得好运的机会。

厚德方能载物

古人云："天行健，君子以自强不息；地势坤，君子以厚德载物。"

道德是一个人的名片，也是一个社会的稳定器。

运气虽然具有一定的不确定性，但只有在稳定的环境下才能发挥作用。想象一下，如果社会环境动荡不安（如果没有道德，整个社会很可能会如英国哲学家霍布斯所言，陷入一切人对一切人的战争状态），那么即使一个人今天因为好运而意外获得了巨大的财富，也无法确保这种好运会持续到明天。在这样的环境下，社会的不稳定性可能导致他在短时间内失去一切，甚至遭受更大的不幸。

相反，在一个繁荣稳定的经济环境中，人们更有可能遇到好运气。这是因为在这样一个环境中，机会和资源更为丰富，人们有更多的选择和可能性去抓住那些可能带来好运的机遇。比如，一个创业者在一个经济增长迅速的国家，可能会发现市场上更多的缺口和商机，从而更容易获得成功。而在经济困难的环境中，人们可能会面临更多的挑战和障碍，这并不仅仅是因为他们的运气不好，而是因为他们所处的环境限制了他们的机会。

在这种环境下获得成功的人，有些人可能会将其归因于运气，认为他们是在正确的时间、正确的地点，遇到了正确的机会。但实际上，除了运气之外，还有一个更为重要的因素，那就是他们生活在一个特殊的时代。这个时代，是一个充满机遇的时代，是一个鼓励创新和创业的时代。更为关键的是，这是一个稳定的时代。

在一个稳定的社会环境中，人们可以安心工作、学习和生活，不必担心战乱和社会动荡带来的不确定性。在这样的环境下，幸运女神也会更容易为那些努力工作、积极进取的人们带来好运。

对于个人来说，道德和诚信是其成功的基石。如果一个人失去了道德底线，不讲究诚信，那么他的生活和工作都将面临巨大的风险。这样的人，即使拥有出色的能力和天赋，也可能会因为自己的不当行为而受到惩罚。比如，那些整天想着如何"偷鸡摸狗"，寻找法律和规则的漏洞来谋取私利的人，最终往往会因为自己的短视和贪婪付出沉重的代价。

幸运女神会眷顾这样的人吗？

答案也非常明显，肯定不会。

♀活在当下没错，错的是一直活在当下

忙碌的现实生活，以及生活和工作中面临的巨大压力，让我们天天围绕"三点一线"奔波，认为人总是要活在当下。殊不知，

这一观念具有两面性。积极的一面是，它可以鼓励人们珍惜眼前的每一刻，充分体验生活中的每一次经历，不被过去的回忆或未来的忧虑所困扰。这种生活态度有助于减少焦虑和压力，让人们更加专注于当前的生活，享受当下带来的快乐和满足。

然而，尽管活在当下是一种被广泛推崇的生活哲学，但在实际生活中，这一理念往往也有消极的一面。许多人在没有深入理解"活在当下"这个概念的真正含义时，就急于将其挂在嘴边，甚至以一种肤浅的方式去实践它。他们可能只是简单地将这个概念等同于追求即时的快乐，或者完全忽视对未来的规划和责任。

这种现象的背后，反映出一种对概念和名词的浅尝辄止。在当今社会，信息量巨大且更新迅速，人们在不断的信息流中接触到各种新概念和词汇。然而，并不是每个人都会花时间去深入研究这些概念背后的深层含义，他们往往仅从字面上理解，然后开始滥用它们，有时只是为了让自己显得时髦或者与众不同。

这种对概念的囫囵吞枣，不仅削弱了其原有意义的丰富性和深度，也可能导致人们对生活的误解和误判。比如，真正的"活在当下"并不意味着放弃对未来的规划，而是在规划未来的过程中，不忘享受和珍惜当下的每一刻。它强调的是一种平衡，既关注当前的生活体验，也不忽视长远的目标和计划。

有时候，活在当下是一种对今天的聚焦，是斩断自己对未来的胡思乱想；有时候，活在当下又是一个牢笼，将我们紧紧束缚在原地，目之所及只有前方几米，再远了就看不清了，因为我们被"活在当下"这四个字的浓雾所笼罩了。

　　要想增加好运降临在自己身上的可能性，并且当好运真的来临时，能够敏锐地察觉到并把握住它，我们需要保持对生活的积极态度和开放心态。这种乐观和接纳的态度能够帮助我们在生活中发现更多的机会，也使我们更容易发现那些可能被忽视的美好时刻。

　　然而，如果我们过于强调"活在当下"，可能会在不经意间限制自己的视野。当我们只关注眼前的事物时，可能会错过一些重要的机会，因为有时候，真正的价值并不总是一目了然。如果只是盲目地追求即时的满足，而没有长远的规划和深入的思考，我们可能会错失那些需要我们细心发掘的机遇。

　　长此以往，如果我们总是只注重眼前的快乐，而不去思考未来的可能性，我们的视野就会变得越来越狭窄。在这种短视的行为模式下，即使幸运女神不断地在我们周围撒下好运的花瓣，我们也无法真正地感受到它，更别提抓住它了。我们可能会变得像自己生命中的过客一样，对于生活中的各种可能性视而不见，只是表面上匆匆一瞥，然后就轻易地略过。

　　因此，对未来必须制定明确的规划，因为利用运气、抓住机遇并非一蹴而就的偶然事件，而是通过我们长期、持续且有效的行动逐渐积累而成的。运气，实际上是一个随时间缓慢变化的变量，它需要在较长的时间内才能展现出真正的价值。运气的积累并非短时间内的奇迹，而是通过我们的努力、智慧和决策所创造的机会。

　　在我的人生观里，我一直坚信生活可以被比作一场没有终点的马拉松比赛。在这场长跑中，我们每个人都是参赛者，有的人可能会以极快的速度前进，有的人则可能步调缓慢。无论速度快慢，我们都在坚定不移地向前奔跑。

在这条漫长的跑道上，我们每个人都渴望幸运女神的眷顾。然而，她有时候显得颇为吝啬，不会一次性赐予我们大量的好运，而是以一种几乎微不足道的方式，逐渐增加我们遇到好事情的概率。这样的改变可能看起来微不足道，但如果我们能够坚持不懈，始终保持对自己的信念，对生活充满希望和信心，那么这些微小的好运就会像滚雪球一样，最终汇聚成一股强大的力量。

我们要想获得这种洞察力和远见，提升自己的视野，仅仅满足于现状是远远不够的。我们必须超越眼前的生活，展望更广阔的天地。然而，这并不意味着我们应该忽视智者们的忠告，他们鼓励我们活在当下，并不是没有道理。他们的主要目的是提醒我们，不应该为了一个不确定的未来而牺牲现在的幸福和满足。

比如，有些人可能会因为过分追求金钱和事业成功，而忽略了当下所拥有的幸福，比如家庭和身体健康。他们可能会长时间工作，牺牲与家人相处的时间，忽视了健康饮食和锻炼，最终导致身体和心理的问题。智者们强调活在当下，是为了告诫我们不要为了一个可能永远不会到来的未来，而牺牲了现在的快乐和健康。

马斯克曾说："永远不要将自己依附于某个人、某个地方、某个公司、某个组织或某个项目。只将自己依附于一个使命、一个召唤、一个目的。这样你才能保持你的力量和平静。这对我来说非常有效。"

活在当下没错，错的是一直活在当下。

　　是的，你必须从现在开始，不断累积运气。累积运气需要具备长远眼光，明确目标，并采取有针对性的行动。因此，活在当下只是生活的一部分，我们同样需要关注未来。

❂君子不立于危墙之下

　　大部分人都存在一种"迷之自信"，他们对自己的能力和命运过于自信，总是认为有些事不会降临在自己身上。这种"迷之自信"源于人类内在的自我保护机制，使人们倾向于高估自己的能力。

　　比如，闯红灯了，朋友提醒他，这太危险了，他会说："没事，就一次而已。"

　　生活中，类似这样的例子有很多，每次我都会想起《孟子》中所说："是故知命者不立乎岩墙之下。"

　　我曾将人生比作一场漫长而艰难的马拉松比赛。在赛道上，每个人都渴望能够获得幸运女神的眷顾，希望自己能够成为那个宠儿。然而，要想尽可能地吸引幸运女神的注意，我们就不能轻易下人生的牌桌。

　　但是，生活中总有一些不可预测的小概率事件，它们悄无声息地降临。有时候，这些事件的发生，可能会带来意想不到的后果，甚至有可能威胁到我们的生命安全。

如果你在日常生活中频繁地冒一些可能会对你的生命造成威胁的小风险，把全部的赌注都放在一个可能的风险上，比如高速骑摩托车。那么，很可能会在未来的某一天遇到麻烦。所以，我们应该尽量避免所谓的"尾部风险"。何谓尾部风险？尾部风险是指在正态分布曲线中，那些在尾部发生的概率看似非常小的事件，但是一旦这些事件真的发生，它们所带来的后果却是极其严重的。这就是我们通常所说的"黑天鹅"事件，也就是那些在我们的认知中几乎不可能发生，但是一旦发生就会带来巨大影响的事件。

因此，如果某件事情存在尾部风险，哪怕这个风险的可能性非常小，也应该尽可能地避免。因为一旦这个风险真的发生，它可能会带来无法承受的后果。或许有人会提出这样的疑问："我就做一次，我仅仅闯一次红灯，下次我不会这么做了，难道这样也不可以吗？"

当然不可以。让我们深入思考一下，曾经有多少人在第一次尝试毒品之前，他们的想法也是如此，又有多少人在初次做出小偷小摸的行为之前，他们的心态也是如此。对于这类行为，我们最好一次都不要做，毕竟做一次，就会有第二次、第三次……

古人云："君子不立于危墙之下"，意思是说，我们应该避免置身于危险的环境中，它呼吁我们在生活中审慎选择，避免冒险，而不是轻率地挑战命运，尤其是在明知有风险的环境下。

试想一下，当你试图在危墙之下立足时，若恰好墙体崩塌，想象中的不幸就成了现实。而当墙要倒塌的时候，它是否会顾及你的意愿呢？显然不会。危险不会因为我们的乐观或者幸运而改变其本质，随时可能将我们置于险境。

或许在那一刻，我们会不自觉地对自己说："不会的，不会的，我哪有那么倒霉。"然而，现实却残酷地提醒我们，命运并非我们可以随意左右的。

危险不会因为我们的信念或者幻想而停止，而是以其自身的规律和力量行动，不顾一切地改变着周围的一切。我们要做的就是通过自己的主观能动性去规避危险，等待好运降临。

♀ 主动创造你的运气

运气的改变并非来自一些神秘的仪式，而是可通过主动的作为去创造。这种主动创造并非依赖于一时一地的偶然，而是通过正确培养自己的认知眼界，将其转化成长期的习惯，并内化在自己的日常行为中。在对人类历史和日常生活的观察中，我发现，那些拥有好运的人大多都具备以下五种思维习惯。

◆ 多体验新事物

当一个人仅仅固守在自己熟悉的工作领域时，他的视野往往会受到限制，机会也会随之减少。熟悉固然能够带来安全感，但过度依赖它，可能会错失探索未知的宝贵机会。相反，当我们勇敢地走出舒适区，参与新的活动，体验之前未曾接触过的事物，就能够打破这种局限，拓宽自己的视野。

通过这种方式，我们不仅能够结识来自不同背景、拥有不同技能的人，还能够了解更多的行业和领域。这些新的人脉和知识可以构建一个更加广阔的人脉网络，这个网络中蕴含着丰富的资源、信息和机遇。当你的接触面更广时，你遇到好运的概率自然会增加，因为每一次新的交流都可能成为改变命运的关键。

同时，尝试新事物也是个人成长和自我提升的重要途径。在面对新的挑战和学习新的技能时，你不仅能够发现自己潜在的才能和潜力，还能够开拓视野，丰富自己的人生经历。通过不断地学习新技能，你的竞争力也会得到显著的提升，你在职场中会更加出色，从而增加成功的可能性。

◆ 相信自己的直觉

相信并跟随自己的直觉，是塑造个人命运和吸引好运的关键因素之一。直觉，这种深植于我们心灵深处的感知力量，是一种独特的判断力，它往往融合了我们的个人经验、内在直觉以及潜意识中的各种信息。这种直觉，有时候会以一种难以言喻的方式，引导我们认识到某个机遇或者事物的重要性。

在生活的旅途中，当直觉告诉你，某个机会或事物似乎值得探索时，勇于迈出那一步，去深入尝试和体验，这是至关重要的。那些被认为不那么幸运的人，往往会在决策的天平上犹豫不决，他们害怕冒险，更害怕失败，正是这种恐惧心理，限制了他们的行动。相反，那些幸运之人大多都敢于挑战未知。他们不仅信任自己的直觉，而且愿意为此承担一定的风险。

相信自己的直觉，意味着你将更加敏锐地感知到那些可能被忽视的机会，并且你会更有勇气去追逐和把握这些机会。这并不意味着要你去盲目冒险，而是在冒险的同时，也需要理性的思考，对潜在的风险进行合理的评估和管理。

当你面对选择时，直觉的力量可以帮助你做出更为明智和符合内心的决策，从而增加你遇到好运的概率。

◆ 保持乐观的态度

乐观的人相信自己运气好，更愿意积极面对生活中的挑战和机遇。保持积极乐观的态度，可以帮助我们更好地抓住机会，增加获得好运的可能性。乐观的人相信自己有能力应对挑战，并且认为每一个挑战都是一个学习和成长的机会。乐观的人通常具有以下四个特点。

自我实现预言：乐观主义者相信自己会有好运，他们的信念和态度会促使他们更积极地追求成功。这种信念能够帮助他们实现自己的目标，这种实现又反过来不断地强化他们的信念和态度。

正向思考：乐观主义者倾向于用正面的词汇来描述自己的经历和未来，他们关注和强调积极的方面，而不是消极的方面。这种正向思考能够产生积极的心态和情绪，增强抗压能力和适应力。

希望感：乐观主义者持有对未来的希望和期待，他们相信自己能够克服困难，达成自己的目标。这种希望能够为他们提供动力和能量，促使他们不断向前。

心理弹性：乐观主义者通常具有较高的心理弹性，即面对挫折和困难时能够迅速恢复和适应。他们相信困难只是暂时的，所以他们会积极寻找解决问题的方法。

保持乐观的态度，可以帮助我们更好地抓住机会，增加获得好运的可能性。乐观的人更愿意面对挑战和机遇，他们相信自己能够克服困难并取得成功。同时，乐观的态度也能够带来积极的心态和情绪，增强你的抗压能力和适应力。通过保持乐观的态度，你会更加积极地面对生活中的各种机会和挑战，从而增加获得好运的可能性。

◆ 发现周围世界的亮点

幸运的人往往拥有一种独特的能力，那就是能够在日常生活的点点滴滴中发现那些令人愉悦的亮点。他们不仅能够高效地完成手头的任务，而且在执行的过程中，目光和心思会被周围世界的一些小细节所吸引。这些细节可能是一道突如其来的美丽风景、一段偶然听到的悦耳音乐，或是一次意外的有趣交谈。他们的这种敏锐使得他们能够在平凡的生活中捕捉到不平凡的瞬间，从而为自己的日常增添额外的色彩和乐趣。

与此相对的是，那些不那么幸运的人，他们的生活焦点通常只集中在任务的完成上，对于周围的世界，他们总是视而不见、听而不闻。他们可能会因为过于专注而忽略了身边的美好，从而错过了那些可能为他们带来好运的机会。

因此，如果我们想要提升自己的幸运指数，就需要主动增加对周围世界的感知，不断地寻找和发现那些可能被我们忽略的亮点。这不仅仅是一种心态上的调整，更是一种行为上的转变。我们需要培养自己的观察力，学会在忙碌的生活中放慢脚步，抬头看看天空，低头观察花草，聆听他人的故事，感受生活的每一个小确幸。只有这样，我们才能在不经意间，创造出更多的好运，让生活变得更加丰富多彩。

◆ 主动增加信息和知识

幸运的人大多拥有一个宽广的知识领域和丰富的信息库，他们不断地学习，积极地积累知识。这种对知识的渴望和积累使他们在面对各种情况时，能够有更多的选择和应对策略，从而增加他们获得好运的可能性。

每个人都有能力成为这样的人，我们可以通过主动寻找和获取信息，学习新的知识和技能，不断丰富和扩大我们的知识储备。这种做法不仅可以增加我们的见识，也可以提高我们的思维能力和解决问题的能力。比如，我们可以通过阅读书籍、参加讲座、上网查找资料等方式，获取新的信息和知识。

此外，实践也是一个重要的途径，比如参与社区活动、做志愿者等，都可以帮助我们积累经验和知识。通过亲身实践，我们能够将理论知识转化为实际能力，并不断完善和提升自己在各个领域的技能和素养。通过不断的学习和实践，我们可以提高自己的竞争力，增加获得好运的机会，为自己创造更多的可能性。

第三章

格局
——运气的宽度

♀分别心，让好运离你越来越远

你会用有色眼镜看待他人吗？

你认为，无论是贫穷还是富裕，人人都应该被平等对待吗？

先别着急回答问题，我们先来看看什么是"分别心"。

分别心的概念在佛教哲学中占据着重要的位置，它揭示了人类心理活动的一个侧面。分别心描述的是一种心理状态，其中人们倾向于对周围世界进行区分、评价和执着，这种心态源自对于生命最深层次真理的不理解或无知。由于缺乏对宇宙本质的深刻洞察，人们往往会形成基于错误认知的判断和观点，这些观点和判断进一步固化为分别心。

分别心的存在，不仅构建了个体的自我观念，还成为人们在精神上遭受困扰的一个重要原因。当人们的心智被各种偏见和错误的认知所占据时，他们便会经历种种精神上的烦恼，比如贪欲、愤怒和痴迷等。这些烦恼不仅影响了个人的内心平静，也可能导致人际关系和社会关系的紧张。

当你认为人类比其他动物高级，自己就是比别人能力强的时候。这就意味着，你就已经有了分别心。

而一旦你有了分别心，好运气就会离你越来越远。

这种心态源于我们对自我与他人、环境以及事物的区分和评价。然而，这种过于强调差异的心态往往会引导我们走向傲慢、自负和执着的陷阱，使我们失去了对平等和谦逊的珍视。

傲慢和自负会使我们过度强调自己的优点和成就，而忽视或轻视他人的贡献和价值。这种心态不仅会损害人际关系，还可能导致我们在面对挑战时过于自信，从而失去警惕和准备。执着则是我们对某些观念、物质或情感的过度坚持，使我们难以接受新的观点和变化，限制了我们的思维和行为。

分别心除了会影响我们的人际关系和应对挑战的能力，还会影响我们对运气的感知和吸引。当我们过于自信和自负时，可能会忽视环境中的机会和好运。我们可能会因为自负而不去尝试新的方法和策略，或者因为傲慢而不愿向他人求助，从而错过好机会。

相反，如果我们能够保持谦逊和开放的心态，就会更加敏锐地观察和把握机会，增加获得好运的可能性。谦逊可以让我们清醒地意识到自己的局限和不足，从而更加珍惜他人的帮助和建议。开放的心态则使我们愿意尝试新的方法和策略，增加了成功和好运的机会。

在很多情况下，存有"分别心"的人对待别人时总是持有偏见，将对方的价值或地位看得相对较低，以一种不平等或歧视的态度视人。

比如，某科技公司是一家专注于人工智能研发的企业，在行业内享有盛誉。他们开发了一款前沿的智能助手软件，这款软件凭借其强大的功能和创新的设计，在市场上引起了广泛的关注。

各种规模的企业纷纷前来咨询合作事宜，希望能够将这款软件应用到各自的业务中。

然而，公司的销售团队在评估潜在合作伙伴时，却陷入了一种误区。他们以对方的企业规模和知名度作为判断标准，认为只有大型企业才能带来显著的商业价值，而忽视了其他可能具有潜力的合作对象。

一天，一家规模小但充满活力的初创公司来到科技公司，希望能够将这款智能助手软件整合到他们的创新项目中。他们对这款软件的潜力有着深刻的理解，并且提出了一些富有洞察力的合作建议，希望能够与科技公司共同开拓市场，实现双赢。

然而，科技公司的销售团队并没有给予这家初创公司足够的重视，固执地认为他们的规模太小，不可能带来显著的商业价值。因此，他们并没有认真考虑初创公司的提议，甚至没有安排进一步的会谈。

这种态度使得科技公司错失了一个宝贵的合作机会。结果，这家初创公司转而与另一家竞争对手合作，他们成功地将类似的智能助手软件成功整合到了他们的项目中。这个项目不仅为初创公司带来了巨大的利润，也让竞争对手的声誉和市场份额大幅提升。

在人类历史上，这样的事情也层出不穷。哥伦布的名字与"发现新世界"这一历史性事件紧密相连，他的远航不仅开辟了新的航线，也促进了文化、商品和人口的交流，对今天的国际政治、经济和文化格局产生了深远的影响。可以说，哥伦布航海成就的影响力已经跨越了数百年，至今仍在世界范围内产生着影响。

其实在最初的时候，哥伦布的航海计划并没有得到当时权威的认可和支持。当他满怀激情地向葡萄牙王室提出自己的远航计划时，由于他并非出身名门望族，且在航海界的经验和成就相对有限，葡萄牙王室对他的计划持有怀疑态度，最终果断地拒绝了他。

失望之余，哥伦布又将目光转向了西班牙。在西班牙，他的计划最初同样遭到了冷遇。但哥伦布不愿意错失这次机会。经过不懈的努力和坚持，他终于说服了西班牙的伊莎贝拉女王和费迪南国王，得到了他们的大力支持。

哥伦布的航海探险，这一影响世界格局的重大事件，在早期差点儿因为王室对于平民的偏见和分别心而未能实现。也正因为西班牙对哥伦布的支持，才能在大航海的初期获得迅速积累财富与发展的机会。

分别心将我们看待世界的方式完全割裂开来，使我们的视野狭窄，对世界产生偏见。在这种偏见下，我们可能无意间将那些可能给予我们幸运的幸运女神也排斥在外。

因此，我们应该摒弃这种狭隘的分别心，努力拓宽自己的视野，包容不同的观点和世界。只有当我们打破这种分隔，真正理解和尊重他人的存在和价值，才能与幸运女神相遇，并从她那里获得真正的幸运与机遇。

♀傲慢是运气的大敌

傲慢是好运的敌手。面对生活的种种挑战和机遇，过度的傲慢可能成为我们取得成功和幸福的重要阻碍。傲慢使得我们对他人的意见和经验产生轻视，从而错失共同努力取得成功的机会。

在那个风起云涌的汉末乱世，三场决定性的战役如同历史的转折点。它们不仅改变了当时的政治格局，更深远地影响了未来历史的走向。这三场战役分别是官渡之战、赤壁之战与夷陵之战。其中官渡之战是最关键的一场战役。

为什么这么说呢？因为在这场战役中，曹操以弱胜强战胜了袁绍，从而统一了当时华夏版图中的北方，稳定了半个中国。这场战役的胜利为曹操后来成就霸业奠定了基础，也为他在中国历史上的地位奠定了基石。然而，在官渡之战一开始，并没有多少人认为曹操能够获得胜利，因为相比于袁绍，他的实力实在太过弱小。

在官渡之战前，曹操的实力相对较弱，他的势力范围相对较小，主要集中在中原地区。他的部队规模也不大，他只能动员约 4 万左右的部队，靠他们对抗袁绍的 10 万精兵。袁绍则不同，他占据了青、冀、幽、并四州，他的势力范围较广，有约 10 万精兵来进攻曹操。

曹操亲自率领着他的军队奔赴前线，指挥作战。而在他背后，大后方的安全则交由了他的得力助手荀彧来守护。在那段紧张又充满变数的日子里，曹操与荀彧之间的书信，成为两人沟通的重要桥梁。在这些书信中，曹操曾经流露出一种想要放弃的情绪，这可能是因为他当时所面临的压力实在是过于巨大，以至于连他自己都感到了信心不足。

然而，历史总是充满了不可预测性，官渡之战的局势很快就发生了戏剧性的变化。原本看似胶着的战况，突然间出现了转机。曹操的命运之轮似乎也在这个时候开始转动，从一开始的被动防守到最终的主动出击，成功地击溃了袁绍的军队。

这一转变得益于一次偶然的机会，或者说，是命运的安排。袁绍阵营中的谋士许攸因为某些原因，选择背叛袁绍，去投靠曹操。原来，曹操和许攸在很久以前就已经是朋友了。当曹操得知许攸来投靠自己的时候，他的心情无疑是非常激动的。

最终，曹操从许攸那里获得了至关重要的情报。这一情报是关于袁绍粮草储备地——乌巢的确切位置。得知这一情报后，曹操没有片刻犹豫，他深知这是扭转战局的绝佳机会。

在夜色的掩护下，曹操亲自率领精锐部队，悄无声息地接近了乌巢。他们如同猎豹般敏捷，如同幽灵般无声，迅速包围了这个袁绍军的粮草重地。然后，在袁绍军还未反应过来的时候，曹操果断下达了攻击命令。火光冲天，熊熊烈火瞬间吞噬了乌巢，那满仓的粮草在火海中化为灰烬。

这场突如其来的打击，对袁绍军队来说无异于晴天霹雳。粮草的丧失不仅意味着物资供应被切断，更在心理上给予了他们重创。袁绍军队的士气急剧下降，原本严密的阵线开始出现裂痕，士兵们的信心动摇，不再有之前的坚定与团结。

在这样的情况下，曹操的军队乘胜追击，如破竹之势，使得袁绍军队无法组织有效的抵抗。袁绍的军队如同被风吹散的沙尘，迅速陷入了混乱与败退之中。

如果曹操在得知许攸来投时，表现出傲慢或不屑一顾的态度，那么这场官渡之战的结局可能会截然不同。正是因为许攸的加入，为曹操带来了转机，也为他提供了打破僵局的关键信息。若非曹操的英明决策，官渡之战很可能会陷入长时间的消耗战，最终的胜利者是谁，还真的难以预料。

然而，曹操后来也因为傲慢错失了一次良机。

在赤壁之战爆发之前，曹操已经通过一系列的军事征服和政治手段成功地统一了大半个中国。他的势力范围之广，使他成了当时实力最为强大的诸侯。更为有利的是，他手中还掌握着大汉天子这一重要的政治资源，这无疑为他的统治增添了合法性和权威性。可以说，曹操在当时的局势中，已经占据了天时、地利、人和的有利条件。

位于宜州的刘璋看到曹操拥有如此强大的势力，心中萌生了归顺的念头。为了表达自己的诚意，他决定派遣张松作为使者前往曹操的营地，希望能够得到曹操的接纳，从而确保宜州的安全和稳定。

然而，当时的曹操刚刚占领了荆州，似乎被胜利的喜悦冲昏了头脑。面对张松这位远道而来的使者，曹操并没有给予应有的尊重和礼遇。他的态度显得非常傲慢,对待张松的方式也显得轻视。曹操只是随意地给了张松一个微不足道的小官职,这与当初官渡之战时,曹操表现出的谦卑和开放形成了鲜明的对比。

这种态度的转变,可能是因为曹操对张松的第一印象并不好。张松其貌不扬,外表上并没有给人留下深刻的印象。曹操因为对张松的外貌和第一印象产生了偏见,加之自身的傲慢,没有给予张松足够的关注和重视,从而错失了一个发现并利用这位良才的宝贵机会。

最终,曹操在赤壁之战败给了孙、刘联军。张松回到宜州后,劝刘璋与曹操断绝往来。自此之后,张松便积极促使刘璋与刘备联合,并投到了刘备麾下。

看得出来,历史给了曹操不少机会。有时候,他能够敏锐地捕捉到这些机遇,并巧妙地利用它们来巩固自己的权力,扩大自己的势力范围。然而,也有那么一些时刻,当机会敲响曹操的门时,他却因为种种原因未能把握住。

这种情况的发生,并非完全是因为曹操的能力不足或者他的见识短浅。实际上,曹操在许多方面都显示出了非凡的才能和远见,他的政治手腕、军事才能以及治国理念在当时都是出类拔萃的。然而,即便是如此杰出的人物,也难免会有失误的时候。这些失误,往往是由于他的格局不够宽广,或者是因为他的傲慢让他错失了宝贵的时机。

当傲慢围绕在你心头的时候,就连幸运女神也很无奈,因为她将机会放在你眼前,你却对这些机会视而不见,无法紧紧握住。

♀避免无畏的损耗

在人生的旅途中，每个人都会有各种各样的情绪，这些情绪如同内心的汪洋，有时平静无波，有时汹涌澎湃。当我们的情绪在内心深处相互冲突、碰撞时，就会产生所谓的内耗，这种内在的摩擦对我们个人而言，无疑是一种能量的消耗，甚至可以说是一种自我损耗。

内耗，不仅耗费我们的精力，还会影响我们的思考和判断。当我们长时间沉浸在这样的状态中，视野会逐渐变得狭窄，思维格局也会受到限制。因为我们的注意力会被这些内心的情绪所占据，我们的心灵被困扰，无法专注于外界的事物。

在这样的状态下，我们的心灵之窗不再透亮，我们的目光会变得短浅。即使幸运女神悄然来到我们的身边，我们也可能会因为她的出现并不在我们的内心焦点之内，而无法察觉到她的存在，从而错失良机。有时候，就算我们看见了她，也会因为内心的犹豫不决而错过。

我曾经认识一位年轻的企业家，暂称为张先生，他长期以来一直在筹划开设自己的科技公司。在这个过程中，他对市场进行了深入的研究，并发现了一个潜在的商机——开发一款可以帮助人们更高效管理时间的应用软件。

很快，张先生就拟定了一封详尽的商业计划书，并且已经联系了一些潜在的投资者。然而，每当需要他做出最后决策时，他总是犹豫不决。他担心自己的决定可能会导致失败，害怕承担风险。因此，他总是在不断地修改计划，希望找到一个完美无缺的解决方案。

有一天，张先生得知了一个竞争对手——一个刚刚起步的小型团队，他们推出了一款与张先生想法非常相似的应用软件。这个竞争对手凭借他们的产品迅速占领了市场，获得了巨大的成功。每每谈及此事，张先生都会懊恼地拍着大腿对我说："如果我能够早日做出决定，勇敢地迈出第一步，那么现在成功的可能就是我自己。"

很显然，张先生不能说没有能力，甚至为此也付出过巨大的努力。但是在最关键的时刻，却让内心的损耗拖住了幸运女神递来的橄榄枝。值得庆幸的是，此时的张先生意识到了自己的错误，并相信自己今后能克服这一点，相信幸运女神还会给他更多的机会。

然而，必须警觉的是，在某种情况下，犹豫不决可能带来灾难性的后果。在面对决定性的时刻，过度的犹豫可能导致错失千载难逢的机遇，甚至是逆水行舟、难以挽回的损失。

在公元前333年发生的伊苏斯战役中，波斯国王大流士三世的表现引人注目。作为波斯帝国的统治者，他在这场关键的军事冲突中显得犹豫不决，这与他的对手亚历山大大帝的果断和勇猛形成了鲜明的对比。

在伊苏斯战役的关键时刻，大流士三世未能迅速做出决策，以应对亚历山大大帝的迅猛攻势。他的犹豫不仅表现在战术部署上，也体现在对战场形势的判断上。这种迟疑不决的态度无疑影响了他手下将领和士兵的士气。他们因为国王的不确定而感到困惑，不知道如何有效地组织防御或发起反击。

由于大流士三世的犹豫不决，波斯军队在战场上陷入了混乱。士兵们在没有明确指令的情况下行动，这导致了战斗力的削弱。与此同时，士气的低落也是不可避免的。当士兵们看到他们的国王在关键时刻犹豫不决时，他们可能会失去信心，认为自己无法战胜如此强大的敌人。

最终，这种犹豫和混乱为亚历山大大帝提供了机会。亚历山大大帝以其卓越的军事才能和果敢的决策，抓住了波斯军队的弱点，发起了猛烈的攻击。结果，亚历山大大帝在伊苏斯战役中取得了决定性的胜利，这不仅是对波斯军队的一次重大打击，也标志着亚历山大在古代世界中霸权地位的确立。

明朝末年，这个曾经辉煌的朝代正面临着前所未有的危机。内有李自成领导的农民起义如火如荼，席卷了大片土地，动摇了朝廷的统治基础。外有满洲的入侵者虎视眈眈，对中原大地构成了严重的威胁。在这样的背景下，崇祯皇帝作为国家的领导者，他的每一个决策都关系到国家的命运。

然而，崇祯皇帝在面对这些内忧外患时，却表现出了犹豫不决的态度。在对待叛军的策略上，他时而强硬镇压，时而试图招安，这种摇摆不定的政策使得朝廷无法有效地控制局势，反而让李自成等起义军有了喘息的机会。在对抗满洲入侵者方面，崇祯皇帝同样未能制定出一套连贯、有效的对策。他的军事部署往往缺乏前瞻性和果断性，导致明军在战场上屡屡失利。

崇祯皇帝的这些反复无常的决策，不仅没有缓解国内的紧张局势，也没有阻挡住外敌的铁蹄，反而使得明朝的国力进一步衰弱。在这种内外交困的情况下，明朝的统治根基逐渐被掏空，人心涣散，最终导致这个曾经辉煌一时的朝代的灭亡。崇祯皇帝的犹豫不决，成为明朝覆灭的重要原因之一，也为后世留下了深刻的历史教训。

请试着回想一下，在历史的长河中，有哪些成功者是因为犹豫不决而成功的呢？面对一个犹豫不决，反复陷入内耗的人来说，幸运女神也束手无策。事实上，果断的行动是成功的关键。幸运女神倾向于那些勇敢果断、敢于迎接挑战的人。

对于那些犹豫不决、徘徊于选择之间的人来说，该出手时就出手才是明智之举。毕竟在生活的舞台上，幸运女神更愿意与那些有勇气、有魄力、有决心的人携手合作，共同创造更加美好的未来。

原谅他人，原谅自己

人生在世，每个人都有可能遭遇来自他人的伤害。这些伤害，无论是有心还是无意，都可能在我们的心中留下难以磨灭的印记。有时，我们会被这种伤害深深触动，甚至会在心底埋下复仇的种子，暗自发誓"君子报仇，十年不晚"，期待有朝一日能够让对方尝到同样的痛楚。

但是，当我们静下心来，仔细思考这个问题时，又不禁要问自己：这样的复仇心态真的有必要吗？"耿耿于怀"这个词本身就蕴含了一种无法释怀的情绪。当我们长时间沉浸在伤害的回忆和愤怒中时，我们的心灵就会变得模糊，我们的双眼就会被这种强烈的情绪所蒙蔽，无法清晰地看到前方的道路。

对于人们来说，愤怒是一种强烈的情感，它似乎与幸运是一对永远无法和解的敌人。愤怒女神和幸运女神之间的关系就像是水火不容，永远对立。当愤怒在我们内心蔓延、占据我们的理智、控制我们的行为时，幸运女神就会悄然离去，远离我们的生活，不再给予我们机会和好运。

在我们的传统文化中，古人总是强调宽容的重要性，他们用智慧和经验告诫我们，要具备宽宏大量的品质。社会和文化也在不停地传达同样的信息，那就是在处理人际关系时，我们应该学会宽容，学会理解和谅解他人。

然而，当我们面对那些对我们造成伤害的人时，仅仅谅解或原谅他们，就足够了吗？

我想，答案是否定的。因为真正的原谅，并不仅仅是对他人的宽恕，更是一种对自己的解放。如果我们表面上原谅了对方，但在内心深处仍然无法释怀，那么这种原谅就失去了真正的意义，我们的心灵仍然会被那些负面情绪所困扰。

因此，真正的原谅需要我们放下那些负面情绪和怨恨。只有这样，我们的心灵才能得到真正的解脱，才能空出地方来装载新的希望和快乐。就像幸运女神一样，只有我们的心灵有足够的空间时她才会选择进驻。只有当我们真正放下过去时，我们的心才能真正地迎接未来的幸运。

在中国历史上，春秋时期的五位霸主始终是人们热议的话题。其中，齐桓公无疑是最为人所瞩目的一位，他不仅是春秋五霸中的第一位，而且被视为一位有远见卓识、有为的君主。当我们深入研读史书，真正去挖掘齐桓公的生平事迹时，会发现，这位春秋时期的霸主并非完美无缺。在他的身上，也存在着一些人性的弱点和缺陷。

齐桓公之所以能够成为春秋五霸之一，能够在历史上留下浓墨重彩的一笔，除了他的个人魅力和才干之外，还有一个重要因素，就是他身边的得力助手——管仲。管仲是一位才智过人的谋士，曾经在年轻时期刺杀过齐桓公，试图结束他的性命。然而，齐桓公却展现出了非凡的胸怀和眼光，他没有因为管仲的一次刺杀而对他怀恨在心，反而选择了宽容和原谅。

更为重要的是，齐桓公并没有仅仅停留在原谅管仲的层面，而是更为大胆地重用了管仲，让他成为自己的左膀右臂。在管仲的辅佐下，齐桓公不仅成功地统一了中原，更是在春秋时期建立起了自己的霸业，成为名副其实的春秋霸主。

可以说，如果没有管仲，就不会有后来的齐桓公，更不会有春秋第一霸。

学会原谅他人，学会原谅自己，是一种宽广的心胸和深远的视野。这种心态不仅能够帮助我们释放内心的负担，还能够让我们在复杂的人际关系中保持平和与和谐。原谅别人，意味着我们能够超越短暂的误解和冲突，看到人性中更为本质的美好。而原谅自己，则是一种自我接纳和成长的过程，它让我们能够在犯错之后站起来，继续前行，而不是沉溺于自责和悔恨之中。

拥有这样的格局，我们的心态将更加开放，我们的行为将更加宽容，我们的人际关系将更加和谐。在这样的心态驱动下，我们不仅能够吸引正能量，还能够更容易地获得他人的理解和支持。当我们展现出这种宽容和理解的时候，我们就像是在向宇宙发出积极的信号，吸引幸运女神的注意。

幸运女神往往会青睐那些心怀宽容、能够自我原谅的人。因为这样的人生活在一个充满爱和理解的环境中，他们的心态和行为都在无形中创造了一种积极的气场，这种气场能够吸引好运和机遇。因此，当我们在人生的旅途中遇到困难和挑战时，我们应该记得原谅他人，更要原谅自己，这样我们才能够打开心扉，迎接幸运女神的眷顾，让生活变得更加美好和顺利。

♀别让斤斤计较堵住了自己的去路

在日常生活和工作中，我们经常会遇到一些人，他们对于一些细小的事情总是过于计较，对于一些微不足道的利益总是斤斤计较。有时候，我们自己也会陷入这样的困境，过于计较一些琐碎的事情。

这些斤斤计较的人，他们的思维方式和行为模式，往往反映出他们的格局并不高。他们的视野被局限在一些小事上，无法看到更大的世界，无法把握更大的机会。他们的思维格局，往往也限制了他们的发展，使他们无法实现更大的突破和进步。

而且，幸运女神并不会偏袒任何一个人，她是公平的。当你斤斤计较的时候，她也会对你斤斤计较。你会因为过于计较一些小事，而错过一些好机会，错过一些重要的人和事；你会因为过于计较一些小事，而失去一些原本可以得到的好运。

◆ 影响人际关系

那些总是斤斤计较的人，在社会交往中总是把利益的得失看得过于重要，这种行为往往会对他们的人际关系产生负面影响。这些人总是过于关注自己的利益，而忽视了对他人的关心和理解。他们因为一点儿小事情就与人争执，这种过于计较的行为，会让人感到他们缺乏宽容和理解，容易引发他人的反感。

他们的这种性格特点，使得他们在处理人际关系时，难以做到公平公正。他们的行为会让人感到他们只关心自己，不关心他人，这种行为会让人感到他们缺乏同情心和理解力。这种过于注重自我利益的行为，会让他们在人际关系中处于被动地位。

他们的行为，往往会让他们失去朋友，失去他人的信任和尊重。因此，要想在社会交往中取得更好的效果，就需要摒弃过度计较的心态，学会关心他人，体谅他人，并且乐于分享与合作。

◆ 增加压力和焦虑

那些总是斤斤计较的人，在面对生活中的每一个小细节时，都表现出异常的关注和敏感。无论是在工作场合还是在私人生活中，他们总是对事情的方方面面进行过分的挑剔和关注，这种性格使得他们总是因为一些微不足道的小事而与他人发生争执和纠纷。

这种对细节的过度关注，会导致他们在与人交往时，无法容忍任何与自己意见不合的地方，哪怕是最微小的差异。因此，他们经常会发现自己陷入了无休止的争论和冲突之中，这些争执往往是由于他们对某些事情的看法过于固执，难以妥协和退让。

长期的争吵和纠纷不仅会消耗他们的精力和时间，还会给他们的心理带来极大的压力。这种持续的精神紧张状态，会逐渐积累成为一种焦虑感，这种感觉会如影随形，不断地影响他们的情绪和行为。

此外，这种持续的负面情绪还会对他们的身体健康造成不利的影响。长期的压力和焦虑会导致免疫系统功能下降，增加患病的风险。同时，它还会引发诸如失眠、头痛、胃痛等一系列的身体不适症状，严重时甚至可能导致心理疾病，比如抑郁症、焦虑症等。

幸运女神见状，恐怕也得避而远之了吧。

◆ 阻碍个人成长

那些总是斤斤计较的人，通常表现出一种过分执着于自己观点的态度。他们对于自己的想法和立场抱有强烈的坚持，总是难以敞开心扉去倾听他人的声音。这种不愿意采纳他人意见和建议的态度，不仅会使得他们在社交场合中显得过于刚愎自用，而且在日常生活中也可能因此错失许多学习和进步的机会。

当一个人总是固守己见，不愿意接受外界的新信息和不同的观点时，他的思维就会变得僵化，难以适应不断变化的环境和挑战。这种固执的态度无形中为个人的成长设置了障碍，因为它使得个人无法从错误中吸取教训，也难以从他人的经验中获得启发。长此以往，个人的发展潜力将会受到极大的限制，因为他们无法跳出自己的思维框架，去探索更广阔的知识领域和更丰富的生活体验。

此外，斤斤计较的人在团队合作中也会遇到困难。正是因为他们的固执己见，他们与团队成员之间的沟通和协作容易出现问题，影响团队的整体效率和氛围。在这个需要集体智慧和协同合作的时代，这种不愿意妥协，也不愿意开放的心态显然是不利的。

◆ 影响工作效率

在职场环境中，那些过分注重细节、对每一件事情都斤斤计较的人，很难与同事建立起良好的合作关系。因为过于追求完美，他们可能会对同事的工作成果提出苛刻的要求，或者对工作分配中的微小不平衡感到不满，这样很容易引起不必要的冲突和摩擦。

当一个团队中存在斤斤计较的成员时，这种不和谐的氛围会迅速蔓延，导致团队成员之间的信任度下降，合作精神也会随之受损。争吵和不合作的情绪会在团队中形成一种负面的循环，不仅消耗团队的精力，还会降低整个团队的工作效率。在这种情况下，即使团队成员各自拥有出色的个人能力，也难以将力量凝聚起来，共同推进项目的发展。

此外，斤斤计较的态度还可能会阻碍项目的顺利进行。在项目管理中，灵活性和适应性被认为是非常重要的品质，具有这两点才能应对突发状况和不断变化的需求。然而，斤斤计较的人往往固执己见，不愿意妥协或调整计划，这可能会导致项目进度延误，甚至失败。因此，在项目中要保持开放心态，与团队紧密协作，以便更好地适应变化、迎接挑战，确保项目的顺利进展。

♀ 如何培养和提升自己的格局？

格局就像运气一样，也是可以培养和提升的。

提升格局的过程，是一个自我成长和自我提升的过程。它要求我们不断地挑战自己，勇于走出舒适区，去尝试新的事物，去接触不同的人和文化。通过这样的经历，我们不仅能够增长见识，还能够在复杂多变的环境中保持冷静和理智，做出更加明智的决策，从而让自己距离好运更近一点儿。

那么问题来了，具体该如何培养和提升自己的格局呢？

◆ 学习和思考

通过广泛地投身于学习，我们能够有效地拓展自己的知识边界。这种学习不是浅尝辄止，而是一种深度的探索，它使我们能够对不同的文化、观点和生活方式保持开放的态度，从而培养一种对多样性的深刻理解和真正的包容性。

书籍、报纸杂志、学术论文等都是我们获取知识的重要渠道。它们涵盖了从人文社科到自然科学，从历史哲学到现代技术的各个层面。通过阅读这些材料，我们不仅能够拥有丰富的知识储备，还能够接触到各种不同的观点和思维方式，这对于我们的心智成长至关重要。

然而，仅仅吸收信息是不够的。我们需要培养批判性思维，这意味着我们要学会质疑，要敢于对传统观念提出挑战，不满足于表面的理解，而是要深入探究事物的本质。这种批判性的思考能够帮助我们不断地审视和完善自己的认知体系，避免被固有的观念和偏见所束缚。

当我们习惯于从多个角度来观察和分析问题时，我们就能够更加客观地评估各种情况，从而避免陷入狭隘的思维模式。这种能力对于我们的决策和判断至关重要，它能够使我们在复杂多变的世界中立于不败之地，有效地提高我们的思维能力和判断力。

◆ 与优秀的人交往

众所周知，与那些具有高层次思维的人建立联系，无疑会对我们的个人成长和思维方式产生积极的影响。这些高格局的人通常具备独特的洞察力和前瞻性，他们的思维方式、行为模式以及价值观往往能够激发我们思考，引导我们超越传统的界限。

通过观察这些人的行为和态度，我们可以学习到他们的优点，包括他们处理问题的方法、面对挑战时的态度以及他们如何与人沟通和交流。对于我们来说，他们的经验是一种宝贵的资源，可以帮助我们在生活和工作中规避弯路，更迅速地实现目标。

与这样的人进行深入的交流和讨论，我们不仅能够分享自己的见解和观点，还能够接触到不同的想法和视角。在这样的互动学习中，我们可能会对某些问题产生更深层次的理解。这种思想的碰撞和交融，有助于我们拓宽认知边界，提升自己的思维层次。

◆ 接触不同的环境和文化

在当今多元化和全球化的世界中，积极地将自己置于不同的环境和文化背景之中是一种极为宝贵的经历。这意味着我们要有意识地去探索和体验，去深入理解那些与我们自身所处地区、行业或群体不同的生活模式和思维习惯。

为了实现这一目标，我们可以通过多种途径来接触和学习。比如，我们可以积极地去参加一些活动，无论这项活动是由社区组织还是由工作单位或学校发起。这些活动可以为我们提供一个平台，让我们能够亲身体验不同的生活方式，感受不同的文化氛围。

与此同时，社交聚会也是一个极好的机会，它可以让我们有机会与来自五湖四海的人们相聚一堂，分享彼此的故事和经验。

在这样的场合中，我们可以放松心情，与他人进行轻松的交流，从而建立起新的联系和友谊。

此外，参加学术研讨会和专业会议也是一种有效的方法。这些活动通常汇聚了来自不同领域的专家学者，他们会带来最前沿的研究成果和深刻的见解。通过参与这些研讨会，我们不仅能够获得新知识，还能够与行业内的专业人士建立联系，这对于个人的职业发展无疑是非常有益的。

社交圈子是一个充满生机和惊喜的世界。随着我们参与各种活动，结识更多的人，我们的社交圈子在逐渐扩大，人际关系也变得更加丰富多彩。我们会遇到各种各样的人，听到各种各样的故事，这些都会极大地拓宽我们的视野，丰富我们的生活体验。

◆ 持续自我反思和成长

在我们的个人成长和发展过程中，定期进行自我反思是一项至关重要的活动。这意味着我们需要花时间去深入审视自己的思维方式，仔细分析我们的行为习惯，以及批判性地评估我们所持有的价值观和信念。这样做是为了识别出可能存在的局限性，这些局限性会阻碍我们的个人发展和成功。

首先，自我反思要求我们诚实地面对自己的思维模式，包括我们如何处理信息、做出决策以及解决问题。我们需要问自己，我们的思维方式是否开放和灵活，是否能够适应不断变化的环境和挑战。如果我们发现自己的思维模式过于僵化或狭隘，就要去寻求新的思考方式，以便更全面地理解世界。

其次，行为习惯是我们日常生活中的自动反应，它们往往是无意识形成的。通过自我反思，我们可以识别出哪些行为习惯是有益的，哪些可能是有害的或者不再适用的。比如，我们可能会发现自己有一些拖延的习惯，或者倾向于回避困难的行为。一旦意识到这些，我们就可以采取措施来改变它们，从而提高效率和效果。

最后，我们的价值观是我们行为的指南针，它影响着我们如何看待世界和我们的角色。通过自我反思，我们可以确保自己的价值观与自己的长期目标和愿望保持一致。如果发现某些价值观念不再服务于我们的最佳利益，我们可以调整它，以确保它能够支持我们的成长和发展。

除了自我反思之外，接受他人的反馈和建议也是个人成长的关键部分。我们应该保持开放的心态，虚心听取他人的意见，即使这些意见有时可能是批评性的。通过这种方式，我们可以通过不同的视角看待自己，这有助于发现那些被我们忽视的盲点。

◆ 培养宽容和包容的心态

要学会宽容和包容他人的观点和意见，尊重不同的思维方式和价值观念。这意味着我们应该摒弃以自我为中心的思维，学会从他人的角度去思考问题，理解和接纳不同的观点。

宽容和包容他人的观点和意见是一种重要的品质。在与他人交流和合作的过程中，我们经常会遇到与自己观点不一致的情况。然而，这并不意味着我们必须坚持己见或者试图改变他人。相反，我们应该学会尊重他人的观点。

尊重不同的思维方式和价值观念是包容的基础。每个人都有自己的背景、经历和教育，这些因素塑造了我们的思维方式和价值观。因此，我们应该意识到每个人都是独特的个体，他们的观点和意见是基于他们自己的生活经验和价值观。通过尊重他人的观点，我们可以更好地理解他们的想法，并建立起良好的沟通和合作关系。

不以自我为中心，能够站在他人的角度思考问题是包容的关键。有时候，我们可能会陷入以自我为中心的思维模式，只关注自己的想法和利益。然而，如果我们能够跳出自己的思维框架，尝试站在他人的角度去思考问题，我们就能够更好地理解他人的观点和意见。这种换位思考的能力有助于我们建立更加开放和包容的思维方式，促进更好的相互理解和合作。

理解并接纳不同的观点是宽容的目标。在与他人交流和合作的过程中，我们可能会遇到一些与自己观点相悖的意见。然而，包容并不意味着我们必须同意或者接受这些观点，而是要努力理解他人的立场和想法。通过倾听和尊重他人的观点，我们可以拓宽自己的视野，获得更多的思考角度和解决问题的方法。

◆ 勇于挑战和突破自我

在人生的道路上，我们不可避免地会遇到各种困难和挑战。面对这些挑战时，敢于直面并勇于突破自己的舒适区，不仅是对个人勇气的一种考验，更是培养和提升自己格局的重要途径。何谓舒适区？顾名思义，是一个人习惯并且感到安心的环境或状态。然而，如果长期停留在舒适区内，我们的成长和进步也会受到限制。

通过积极尝试新的事物和探索未知的领域，我们能够接受新的挑战，这样的过程不仅能够不断地拓展我们的能力和经验，还能够提高我们的适应能力，以及解决问题的能力。无论成功与否，每一次的尝试都是一次宝贵的学习经历，它们积累起来，成为我们宝贵的财富。

这种不断挑战自我的经历，也能够让我们变得更加自信和成熟。当我们回望过去，会发现曾经那些令我们畏惧的挑战，如今已经成为我们成长道路上的垫脚石。这种经历，为我们未来的发展打下了坚实的基础，让我们在面对未来的挑战时，能够更加从容不迫。

成长往往发生在舒适区之外，这是一个不争的事实。只有勇于挑战自己，才能够实现个人的持续进步。记住，每一次的超越，都是对自己的一次深刻的认识，每一次的胜利，都是对自我能力的一次肯定。因此，不要害怕困难和挑战，勇敢地迈出舒适区，你会发现，你比想象的要强大得多。

毕竟，运气有马太效应。

◆ 培养正确的价值观

树立正确的价值观念对于个人的成长和发展具有重要的意义，它也是培养和提升自己格局的关键一步。通过深入思考和反思，我们可以明确自己的人生目标和追求，从而确立自己的价值观。

为了追求高尚的品德和道德标准，我们应该注重个人修养和道德素质的提升。

首先，我们可以通过思考来明确自己的人生目标和追求。这是一个自我探索的过程，需要我们问自己一些关键问题，比如：我想要成为什么样的人？我希望在人生中取得什么样的成就？这些问题可以帮助我们更清晰地认识自己的内心需求和价值观，从而为我们的人生道路提供指引。

其次，要追求高尚的品德和道德标准，我们可以注重个人修养和道德素质的提升。个人修养包括对自己的要求和约束，比如保持良好的行为举止、言行一致、遵守道德规范等。这些都是我们在日常生活中应该坚持的原则。而道德素质的提升不仅可以通过学习和实践来实现，阅读经典文学作品、学习伦理学和道德哲学等也能拓宽我们的视野。此外，积极参与公益活动和社会实践，可以培养我们的责任感和社会意识，使我们更加关注社会问题，关心他人，从而提升自己的道德素质。

最后，个人修养和道德素质的提升，需要持之以恒地进行。这是一个长期的过程，需要我们不断地反思和改进，不断地学习和实践。同时，我们也可以向身边的榜样学习，与有共同价值观的人交流和互动，共同进步。

人生宛如一场漫长的马拉松，幸运女神也会更青睐于持之以恒并坚持不懈的人。

第三章 · 格局——运气的宽度

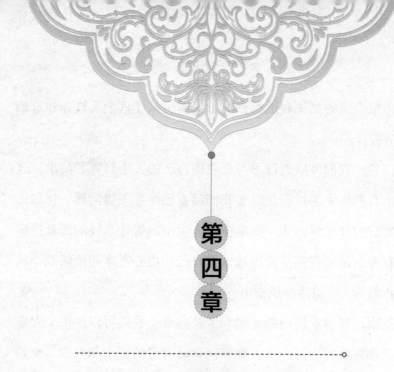

第四章

能力
——运气的深度

♀好牌是运气，打好牌是实力

　　有时候，我们会遇到一些适合自己的机会，这是一种运气。但是，真正能够利用这些机会，并取得成功的人，一般都是具备足够实力和技巧的人。成功不仅仅取决于机遇，更多的是取决于我们如何应对和利用这些机遇。

　　即使命运之神赐予我们难以言喻的好运，如果我们缺乏必要的能力去把握和运用它，那这样的好运也不过是昙花一现，无法为我们带来实质性的改变。能力是一个人成功与否的关键因素，它是我们实现目标、应对挑战的基石。没有能力，人们就像是无根之木，无法稳稳地站立在风雨中；就像没有舵手的船只，在茫茫大海中随波逐流，难以抵达彼岸。

　　好运可能会不期而至，它可能是一个难得的机遇，一次意外的财富，或者是一段珍贵的人际关系。然而，如果我们没有足够的能力去理解、把握和利用它，它最终还是会从我们手中溜走，就像手握沙子一样，无论多么努力，终究难以抓住多少。能力是我们在人生的道路上，能够将潜在的机遇转化为现实成果的重要工具。

　　比如，在三国时期，夷陵之战后，刘备输给了孙权，不久后于白帝城病逝。当时，蜀国是三国中综合实力最为弱小的一个，益州疲弊，此诚危急存亡之秋也。

在蜀汉的人才中，马谡或许是后人最为津津乐道的其中之一。他是马良的弟弟，家中兄弟有五人，都很有才干，被家乡人合称为"马氏五常"。据史书记载，马谡才气器量超过常人，深得诸葛亮的器重。

刘备病逝后，益州郡的豪族雍闿，平日里就嚣张跋扈，联合孟获等人发动了叛乱，诸葛亮亲自带兵出征。出征之前，马谡向诸葛亮献上了"攻城为下，攻心为上"的战略方针，取得了一定的效果，诸葛亮对于马谡更是刮目相看了。实际上，刘备在临终前就曾告诫过诸葛亮，马谡此人夸夸其谈，不可委以重任，但所谓智者千虑必有一失，诸葛亮并没有放在心上。

后来，诸葛亮率军北伐时，力排众议提拔了马谡为先锋。结果，马谡来到街亭后，一意孤行，不听其他人的劝诫，执意将军队驻扎在山上。最终，马谡被魏将张郃击败，蜀国也失去了街亭这一重要的战略据点。

不得不说，马谡曾经拥有过好运气。当时诸葛亮在决定先锋的人选时，马谡前面还有魏延和吴壹，他们都是沙场老将，作战经验远比马谡丰富。但诸葛亮还是将这个机会给了马谡。如果马谡的才能跟得上，那么无疑战争的结局会发生重要的变化，蜀国也不会丢失街亭，蜀军也不会被迫退守汉中。这一次的北伐，因为马谡失街亭无功而返。再比如，明朝的灭亡对于当时的很多人来说是一个深刻的打击。即便在这样的背景下，南明朝的永历皇帝仍然拥有一群坚定的支持者。这些忠诚的将领和民众，他们的支持不仅仅是对一个人的支持，更是对一个时代、一种文化和一种信念的坚守。

从历史的角度来看，永历皇帝在明朝灭亡后，确实面临着重整旗鼓的契机。如果他能够有效地利用这些资源，重新组织和整合力量，那么恢复江山并非不可能。但是，历史的发展往往受到多种因素的影响，而不仅仅是个人的意志。

南明政权的内部矛盾是其覆灭的重要原因之一。不同的派系和利益集团之间的争斗，使得政权内部缺乏统一和团结。这种内部的矛盾和冲突，消耗了大量的精力和资源，使得整个政权无法集中精力对抗外部的威胁。

此外，永历皇帝本人的政治智慧和军事才能也是影响南明政权命运的关键因素。在那个动荡的时代，一个领导者的智慧和才能往往决定了一个国家的命运。永历皇帝虽然得到了很多人的支持，但他在这两方面的不足，使得他无法有效地统一抗清力量，进而导致了南明政权的覆灭。

像这样"起手一副好牌，最终却因为无能而打烂了"的例子还有很多，从古至今不胜枚举。

比如，晚清时期，清朝原本拥有辽阔的疆域和丰富的自然资源，这些都是国家强盛的重要基础。然而，尽管拥有这些优势，清朝在其统治末期却遭遇了一系列的挑战和困境。这在一定程度上归咎于慈禧太后的执政方式和她的个人决策。

慈禧太后以专断著称，她的决策往往不受他人影响，这种独断独行的领导风格在一定程度上削弱了朝政的稳定性和效率。

此外，慈禧太后的守旧思想使她对变革持有抵触态度，这在面对国内外的挑战时显得尤为不利。她对外国事务的无知，特别是对西方列强的科技和军事实力的低估，导致了清朝在外交上的连连失败。

这些不仅仅是军事上的失利，还严重削弱了清朝的国力，影响了大清上下的信心，加速了清朝衰亡的历史进程。慈禧太后的统治，虽然在某些方面展现了她的权谋和决断，但最终未能带领清朝走向繁荣，反而成为清朝衰亡的一个重要因素。

在商界也不乏这样的例子。

英国的电子零售商 Comet 曾经是英国最大的电子产品零售商之一，拥有庞大的门店网络和广泛的客户基础。然而，由于公司在电子产品市场的策略错误和管理失误，Comet 最终走向了破产。

Comet 在起步阶段非常成功，它利用其强大的供应链和低价策略吸引了大量的消费者。然而，随着电子产品市场的变化和竞争加剧，Comet 没有及时调整战略，无法适应新的市场需求。公司没有跟上互联网销售的潮流，也没有及时推出具有竞争力的产品和服务。

此外，Comet 在管理层面也存在一些问题。公司高层决策缺乏远见和创新，没有及时应对市场变化。同时，Comet 的成本控制也很不好，导致利润率下降，无法与竞争对手抗衡。最终，Comet 在 2012 年宣布破产，关闭了所有门店。

这一事件对于英国零售行业来说无疑是一个沉重的打击。Comet 曾经是一个备受尊敬和信赖的品牌，但最终却因为种种原因走向了失败。

因此，拥有足够的能力意味着我们有能力认识到好运的价值，并有效地利用它来实现自己的目标和梦想。能力让我们在面对好运时保持冷静和清醒，不被短暂的荣耀冲昏头脑。无论何时何地，我们都应该努力培养自己的能力，才能够在命运给予我们机会时，不负所望，抓住机会，实现自己的人生价值。

♀ 你配得上好运吗？

美国著名投资人查理·芒格，他不仅是投资界的权威人物，还曾担任伯克希尔·哈撒韦公司的副主席，他曾经说过："想要得到某样东西的最佳途径，就是让自己配得上它。"这句话蕴含着深刻的哲理。

有时候，命运似乎会向我们伸出援手，给予我们机会。但关键在于，我们必须拥有足够的能力和智慧去抓住这些机遇。这就像是在一场马拉松比赛中，即使有最好的装备，如果你没有足够的体力和耐力，就无法跑到终点。

简单来讲，想要获得更多好运的前提是让自己配得上这份好运。

英国的心理学家理查德·怀斯曼曾经写了一本书叫作《正能量2：幸运的方法》。

在探索运气这一神秘领域时，怀斯曼采取了一种非常独特的方法。他决定通过报纸和杂志发布广告，以吸引那些自认为极端幸运或极端不幸的人们参与他的研究。经过一番不懈的努力，他成功地招募了400名志愿者，这些志愿者坚定地相信自己的运气一直非常好，或者相反，一直特别差。怀斯曼博士的目的是要验证这些人的自我认知是否准确，他们是否真的拥有那么好的运气，或者是那么差的运气。

为了进行这项实验，怀斯曼设计了一个看似简单却蕴含深意的任务。他要求每位受试者完成一个单独的挑战：走到附近的一家咖啡店去买一杯咖啡。这个任务听起来非常简单，但实际上，怀斯曼在其中巧妙地设置了两个"陷阱"。

首先，他在通往咖啡店的路径上故意放置了一些钱，金额正好足够购买一杯咖啡。这是一个巧妙的设计，旨在观察受试者是否会注意到这个意外的好运，并利用它来简化他们的任务。

其次，怀斯曼在咖啡店里安排了一个商人角色，让他假装在那里等待自己的咖啡。这样做目的是观察受试者是否会主动与人交流，这可能会为他们带来意想不到的机会。

实验的结果非常有趣。那些自称幸运的受试者，似乎真的拥有一种特殊的运气。他们在前往咖啡店的路上发现了地上的钱，捡起这笔钱后，他们顺利地在咖啡店里买到了咖啡。更值得注意的是，他们在等待咖啡的时候，主动与商人交谈，这种行为可能为他们打开新的机会之门。

相比之下，那些自称不幸的受试者，似乎真的没有那么幸运。他们没有注意到地上的钱，也没有在买完咖啡后与人交流，而是默默地站在那里等待。

那些幸运的受试者，难道身上真的有某种神秘力量，可以让他们更容易走大运吗？

其实，怀斯曼的实验揭示了一个有趣的现象：人们的自我认知可能会影响他们的行为和经历，从而在某种程度上塑造他们的"运气"。这个实验不仅为运气的研究提供了一个新的视角，也让我们意识到运气可能并不是完全随机的，而是与我们的行为和态度有着密切的联系。

俗话说"性格决定命运"，怀斯曼在他的研究中揭示了一个有趣的现象，那就是运气好的人似乎拥有一些共同的性格特征。这些特征并不是偶然的，而是与他们的成功和幸福有着密切的联系。

首先，他发现运气好的人大多性格外向。外向者通常非常善于与人交流，他们不仅喜欢与陌生人聊天，而且能够敏锐地发现那些有趣或者有影响力的人。这种社交能力使他们能够在与人交往的过程中获得大量的新信息，这些信息有时候会为他们带来意想不到的机会。此外，外向者也擅长吸引他人的注意，他们的存在感强，这使得他人更容易记住他们，也更愿意主动与他们接触，从而增加了他们的机会。

其次，怀斯曼指出，运气好的人大多具有较高的开放性。开放性是指一个人对新事物、新观念和新经验的接受程度。具有高开放性的人通常愿意尝试新的事物，他们对风险的态度相对包容，不会因为害怕失败而避免尝试。这种心态使他们能够抓住更多的机遇，因为他们不会被未知的恐惧所吓退。

最后，怀斯曼还提到了神经质程度这一性格特征。神经质程度低的人通常比较稳定，不容易受到情绪的影响。他们不会因为小事而焦虑，不会因为压力而紧张，也不会因为他人的成功而嫉妒。这种稳定性使他们在面对挑战时能够保持冷静，做事更加放松，从而更容易取得成功。

♀深耕自己才会引来好运

一个人的性格，是复杂而独特的组合，它既包含与生俱来的个性特征，也融合了后天通过不懈努力和经历所塑造的习惯和行为模式。性格的形成，既有先天的遗传因素，也有后天环境的影响，这两者相互作用，共同塑造了一个独一无二的个体。

怀斯曼的研究为我们提供了有趣的见解。他的研究表明，一个人的性格特质与其生活中的好运有着密切的联系。那些拥有积极、乐观、开放等良好性格特征的人，往往更容易遭遇好运，这无疑引发了人们对于性格培养的浓厚兴趣。那么，我们应该如何培养和塑造这种能够吸引好运的性格呢？

在我看来，性格不仅仅是一个人内在特质的反映，也透露着一个人的综合能力。性格中蕴含着情绪管理、人际交往、自我激励等多方面的能力，这些能力在很大程度上决定了一个人如何面对生活中的挑战，如何与他人建立关系以及如何实现个人目标。

◆ 自我认知

了解自己的性格特点和倾向，这是培养和塑造能够吸引好运的性格的第一步。一个人的性格如同一面镜子，反映出我们的生活态度和价值观。通过反思和观察，我们可以更清楚地认识到自己的行为模式和习惯，以及它们对自己和他人的影响。这是一个自我发现的过程，也是一个自我提升的过程。

我们要善于发现自己的闪光点，它们可以成为我们吸引好运的资本。通过发挥和发展自己的优点，我们能够更好地应对挑战和机遇，以及与他人建立良好的关系。这些优点可能是我们的才华，可能是我们的热情，也可能是我们的坚持，它们都是我们的力量，是我们的财富。

然而，我们也要认识到自己的缺点。它们可能会影响我们的行为和决策，甚至阻碍我们吸引好运。通过反思和观察，我们可以明确自己的缺点，并努力改进和克服它们。这可能需要一些时间和努力，但是通过不断地自我提升和成长，我们能够逐渐改善自己的性格特点，从而配得上好运。这个过程可能会有挫折，可能会有困难，但是只有通过这个过程，我们才能取得真正的进步。

此外，我们还应该关注自己的行为模式和习惯。行为模式，是我们在日常生活中潜意识里表现出来的行事方式，习惯则是我们经常重复的行为。这些行为模式和习惯，可能会影响我们的生活。通过反思和观察，我们可以意识到自己的行为模式和习惯对自己和他人的影响。如果发现某些行为模式或习惯不利于吸引好运，我们可以尝试改变它们，培养更积极、有益的行为模式和习惯。这是一个自我调整的过程，也是一个自我优化的过程。

◆ 积极心态

培养一种积极、乐观的心态，无疑也是吸引好运的重要途径之一。这种心态不仅能够帮助我们更好地应对生活中的挑战和困难，还能使我们更容易发现周围的机会和可能性。

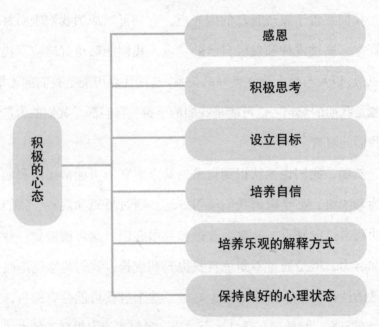

感恩：学会对生活中的一切表示感激，无论是小小的幸福还是每天的好运。通过感恩，我们可以更加关注生活中的细节，从而培养出乐观的心态。

积极思考：将注意力集中在生活的积极方面，而不是消极的一面。在面对问题时，尝试寻找解决方案，而不是陷入抱怨和消沉的情绪中。

设定目标：设定具体、可行的目标，并制订相应的计划。有明确的目标可以帮助我们保持积极的动力和专注力，从而更好地去行动。

培养自信：相信自己的能力和价值，坚信自己可以克服困难并取得成功。自信心能够帮助我们更积极地面对挑战和迎接好运。

培养乐观的解释方式：面对困难和挫折时，尝试从积极的角度来解释和看待。将困难视为成长的机会，相信一切都会变得更好。

保持良好的心理状态：通过锻炼、休息和放松等方式来保持身心健康。良好的心理状态有助于培养积极、乐观的心态。

◆ **情绪管理**

学会有效地管理自己的情绪，是培养和塑造能够吸引好运的性格的重要一环。情绪的稳定和积极，能够帮助我们更好地应对压力和挫折，以及与他人建立良好的关系。

认识自己的情绪：了解自己的情绪是什么，包括愤怒、焦虑、悲伤等。通过观察和反思，我们可以更好地认识自己的情绪，并及时采取措施进行调节。这有助于我们理解自己的情感反应，从而更好地掌控自己的情绪。

深呼吸：当我们感到情绪激动或紧张时，可以通过深呼吸来缓解。通过深呼吸，我们可以将注意力集中在呼吸上，从而减少对负面情绪的关注，帮助我们恢复平静。

寻求支持：与他人分享自己的情绪和困扰，寻求他们的支持和理解。与他人交流可以帮助我们释放情绪，获得新的观点和建议。与亲朋好友或专业人士交流，可以让我们感到被理解和支持，减轻心理负担，找到解决问题的方法。

自我关怀：给自己一些时间和空间，关注自己的需求和感受。通过做一些喜欢的事情、休息和放松，我们可以提升自己的情绪状态。自我关怀是培养积极情绪的关键，它可以帮助我们恢复精力，增强自信心，提高情绪稳定性。

积极应对：面对挫折和困难时，采取积极的应对策略。寻找解决问题的方法，寻求帮助和支持，以及保持乐观的态度。积极应对可以帮助我们，增强逆境应对能力，提升个人成长和发展空间。

◆ 社交能力

在我们的生活中，发展良好的人际交往能力是至关重要的。这种能力不仅有助于我们在社交场合中更加自如，而且能够为我们的职业发展和个人成长打开新的大门。当我们与他人建立起积极、相互支持的关系时，就像是在铺设一张广泛的网络，这张网络连接着各种可能性，为我们带来了更多的机会和资源。同时，幸运女神也会更频繁地光顾我们。要想建立这样的关系，关键在于一系列的互动技巧。

首先，倾听不仅是技巧，也是一种艺术，它不仅仅是耐心地等待别人诉说，而是要真正理解对方的感受。通过有效的聆听，我们可以更好地把握对方的需求和期望，从而在交流中显得更加体贴和周到。

其次，尊重他人也是建立良好人际关系的基石。即使他人的观点与我们的不同，我们也要尊重他人的价值和观点。尊重可以体现在我们的言行举止中，它能够营造出一种包容和接纳的氛围，使得人们愿意与我们分享他们的想法和经验。

最后，我们也需要学会表达自己的观点和情感。这不仅是为了让别人了解我们的立场，更是为了让交流更加真实和深入。当我们坦诚地表达自己时，也可以鼓励他人做出相同的回应，这样就能够在彼此之间建立起互信。

互信是合作的基础。当我们信任他人，并且也被他人信任时，我们就可以更有效地协同工作，共同解决问题。这种合作关系不仅能够给个人带来成就，还能够促进团队和组织的成功。

◆ 自我激励

在追求个人成长和成功及吸引好运的道路上，培养自我激励和自律的能力也是至关重要的。这些能力能够帮助我们在面对挑战和诱惑时保持专注，坚定不移地朝着目标前进。

我们需要设定明确的目标，这些目标应该是具体、可衡量的，并且与我们的个人价值观和长远规划相符合。树立明确的目标，能够为我们提供方向，帮助我们集中精力，避免在无关紧要的事情上浪费时间和精力。

一旦目标确定，接下来就是制订可行的计划和行动步骤。这个计划应该包括短期和长期的里程碑以及为达到这些里程碑所需采取的具体行动。计划的制订要考虑到实际情况，确保每一步都是切实可行的，同时也要有一定的弹性，以便在必要时进行调整。

在执行计划的过程中，自我激励和自律成为推动我们前进的关键因素。自我激励意味着我们能够在没有外部奖励的情况下，找到内在的动力来继续前进。而自律则要求我们能够控制自己的行为，即使面对困难或诱惑也不放弃。

坚持不懈的努力是实现目标的必要条件。在追求目标的过程中，我们难免会遇到各种困难和挑战。这时，我们需要保持积极的心态，相信自己有能力克服这些障碍。每一次克服困难，都是我们向目标迈进的一大步。

最终，通过不断的努力和自我提升，我们不仅能够实现个人目标，还会发现自己吸引了更多的好运。这是因为当我们变得更加优秀时，我们会更容易吸引到与我们相匹配的机会和资源。因此，培养自我激励和自律的能力，不仅能够帮助我们实现目标，还会让我们的生活更加充实和美好。

♀让偶然的运气尽可能成为必然

在这个世界上，没有什么事是必然的。无论我们做什么事，都可能会遭遇意外。我们所能做的就是尽可能增加对我们自身利好的事件的发生概率。

这个世界，本质上是一个概率的世界。

如果我们自身的能力不足，那么就算是撞上了好运，也会出现"当好运来敲门时，你不在家"的尴尬局面。

不断提高好运出现的概率，让偶然的运气尽可能趋近必然，在人类现有的认知与理解中，这是可以做到的。

◆ 提高自身能力和准备

通过不断的学习和培训，我们可以有效地提升自己的专业技能和知识水平，这不仅能够增强我们在特定领域的竞争力，还能够帮助我们在面对各种复杂情况时，展现出更加灵活和高效的应对策略。

随着技能的不断提升，我们能够更加自信地面对工作和生活中的挑战，从而在多变的环境中保持优势。然而，除了专业技能的提升之外，保持积极的心态和乐观的态度同样不可或缺。心态决定行动，积极向上的心态能够让我们在遇到困难和挑战时不轻易放弃，而是坚持不懈地寻找解决问题的方法。

在生活和工作中，我们难免会遇到意料之外的事件，这些事件可能会对我们的计划和目标产生影响。但是，如果我们能够以积极乐观的心态去面对这些偶然事件，就能够更好地调整自己的心态，迅速适应新的情况，心无旁骛地找到合适的解决方案。这种能力不仅能够帮助我们减少压力和焦虑，还能够让我们在逆境中成长，变得更加坚强。

◆ 深入了解领域知识和趋势

在任何我们感兴趣或者正在从事的领域中，深入地研究和理解相关的知识和趋势是至关重要的。这种深入理解不仅可以帮助我们更好地把握现有的机会，还可以让我们对未来的发展方向有所预测。这是因为，只有我们对一个领域有深入的理解，才能准确地识别出哪些是真正的机会，哪些是潜在的风险。

当我们对一个领域有了深入的理解，我们就可以更有针对性地做出决策和行动。换句话说，我们可以根据理解和预测，制订更有针对性的计划和策略，而不是盲目地跟随别人的脚步。只要我们有效地利用自己的资源和时间，就可以大大提高获得好运的概率。

此外，深入了解我们感兴趣的领域，还可以帮助我们找到真正热爱的事情，从而让我们的工作和学习变得更有意义和价值。这样，我们就能更好地享受工作和学习，而不是把它们看作是一种负担。

◆ 积极主动地寻找机会

在人生路上，我们经常被告知要耐心等待机会的到来。然而，仅仅等待是不够的。为了真正把握机遇，我们需要采取更为积极和主动的态度去探索可能出现的机会。

首先，我们要勇于尝试新事物，不能固守现状，不能让自己局限于一个狭小的舒适区内。相反，我们应该鼓励自己去探索未知，去接受新的挑战，哪怕这些挑战可能会让我们感到不安或者困难重重。通过不断地尝试和实践，我们能够扩展自己的视野，同时也能够增强应对各种情况的能力。

当我们开始主动出击时就会发现，所谓的"运气"其实并不是那么随机和偶然。事实上，通过我们的积极努力，那些看似偶然的好运往往会变得更加可预测。因为我们知道，每一次的机遇都是我们主动争取和努力的结果，而不仅仅是命运的恩赐。

◆ 善于利用概率和统计学原理

概率和统计学是一项非常有价值的技能，它能够让我们更加精准地评估和计算不同事件发生的可能性。这些事件可以是日常生活中的小事，比如天气预报的准确性，或者是更为复杂的金融投资决策。通过了解概率，你能够对可能发生的结果有一个量化的理解，这在很多情况下都是非常有用的。

比如，在面对多个选择时，如果我们能够计算出每个选择背后的概率，我们就可以更加科学地做出决策。这意味着，我们可以利用概率来指导自己选择，从而增加成功的机会。在投资，甚至是日常购物决策中，这种方法都非常有用。

在决策过程中，概率可以帮助我们识别哪些选项更有可能带来好运或者正面的结果。通过比较不同选项的概率，我们可以选择那些可能性最高的，从而提高我们获得好运的机会。这种基于数据和分析的方法，可以让我们的决策更加理性和高效。

♀遭遇厄运时该怎么办?

生活中,我们总会遭遇到一些出乎意料的情况,这些情况可能是好的,也可能是坏的。有时候,幸运女神会降临在我们身上,给我们带来好运,让我们感到生活的美好。有时候,我们也会遭遇到厄运女神的降临,她会给我们带来一些不幸的事情,让我们感到生活的艰难。

在面对厄运的时候,很多人的反应是怨天尤人,他们会将自己的不幸归咎于外界的环境,或者是他人的行为。他们会觉得,如果不是环境的影响,或者他人的干扰,他们就不会遭受这样的厄运。然而,如果能够冷静下来,客观地分析一下,就会发现,其实自己也有很大的责任。

的确,这个世界上有很多飞来横祸,这些事情的发生,常常出乎我们的预料,让我们措手不及。如果有一天,我们真的很不幸,被这些飞来横祸砸到了,一味地抱怨,一味地怨天尤人,又能起到什么作用呢?这样的行为,只会让我们陷入情绪的泥潭中,让我们无法从厄运中走出来。

战国时期的名嘴张仪曾惨遭过一顿皮肉之苦。年轻的时候,他完成学业后便出去游说诸侯。有一次,他来到了楚国,在楚国国相的家里陪他喝酒。谁料，国相家中在同一时间丢失了一块玉璧，门客们大都怀疑是张仪偷的，因为他本身就很贫穷，在一般人眼里，这样的人动机最大。

虽说是怀疑，没有证据，但大家并不理会这些，直接将张仪抓了起来严刑拷打。可是自始至终，张仪都没有承认是自己拿的。莫名承受了一段不白之冤，还被狠狠打了一顿，这事放在任何人身上都是一场厄运。就连张仪的妻子也颇为不平，认为丈夫受到了屈辱。

然而，张仪却不顾自己的疼痛，只是问了问妻子："我的舌头还在吗？"在得到妻子肯定的回答后，张仪说："这就够了。"

对于那些伤害过自己的人，张仪并没有辱骂和批评。用今天的话来讲，张仪的态度就属于不内耗。他非常清楚自己的目的是什么，以及哪些东西才是最重要的。在张仪看来，只要自己的能力还在（舌头），那就没什么好担心的，哪怕是遭受一次厄运。

后来，张仪来到秦国，出任秦国国相，靠着自己的三寸不烂之舌，一次又一次瓦解了六国之间的合纵，并建立了属于自己的事业，从此名垂千古。

在同一时期，生活年代稍晚于张仪的范雎，也曾面临过一次劫难。

范雎出身贫寒，想在魏国找点儿事做，但由于出身背景不好，人脉资源不够，纵使很有才能，但也一直寻不到出路。无奈之下，他只好暂时寄身于魏国中大夫须贾的门下。

有一次，范雎作为使者出使齐国，凭借自己高贵的品格与口才征服了齐王，并为魏国取得了利益。齐王想收服范雎，但被范雎拒绝。

回去后，上司须贾知道齐王厚待范雎后，不禁有些恼火，觉得自己手下的人抢了自己的风头，于是便向魏相魏齐诬告范雎心怀不轨，暗通齐国，出卖魏国的利益。魏齐听后十分愤怒，也不调查清楚就将范雎抓起来严刑拷打。范雎被打得浑身是血，为了保住最后一口气，他灵机一动，选择了装死。

范雎逃过一劫，后来去了秦国，凭借自己的能力当上了秦国的宰相，并为当时的秦国献上了量身定制的"远交近攻"策略，为秦国日后统一中国打下了基础。

不得不说，张仪和范雎早年都惨遭过厄运，后来也都成了秦国的高级人才。毋庸置疑，他们自身的能力是最重要的，但他们面对厄运时的心态也同样起到了较大作用。

在人生的道路上，我们会遇到各种各样的困难和挑战，就像马拉松比赛一样。但只要我们不离开跑道，努力坚持，尽力而为，即使幸运女神没有眷顾我们的今天，我们也相信，她终将在某个时刻向我们微笑。

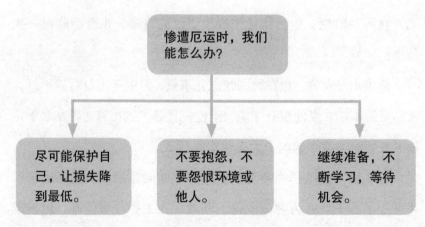

◆ 能力与运气有关系吗？

在现实世界中，能力和运气这两个因素存在着相互影响又相互叠加的关系。能力，作为个人的基础，是一个人取得成功的基石，它为个人提供了更多的机会和可能性。能力的提升可以增强个人的竞争力，使个人在面对各种挑战时有更多的应对策略。

运气，可能会让一个人在某一时刻获得意想不到的机会，从而迅速提升个人的成功概率。然而，运气的不确定性（就算我们知道它会来，也不知道具体什么时候会来）也意味着它可能并不是一种可靠的依赖。

然而，如果我们从长远的视角来看待这个问题，能力无疑是决定个人成就的根本。一个过度依赖运气而忽视能力培养的人，可能在短期内会因为一次幸运而获得成功，但这种成功往往是短暂且不可持续的。因为他们没有坚实的能力基础，当运气不再眷顾时，他们就有可能会陷入困境。

比如，元末明初的江南军阀张士诚，他控制着当时经济繁荣的江浙一带。这一地区物产丰富，商贸兴盛，为张士诚提供了雄厚的物质基础。在这样的条件下，他的势力迅速壮大，成为众多起义军中实力较为强大的一股力量。

张士诚之所以能够迅速崛起，除了地理位置和经济条件的优势外，还因为他对待百姓的政策。他并不像其他统治者那样征收沉重的税赋，而是减轻了百姓的负担，这使得他在民间拥有极高的声望和支持。可以说，他不仅占据了天时地利，更得到了人和的相助，这在动荡的时代背景下显得尤为难能可贵。

然而，张士诚的个人能力和治国理念却成了他的致命弱点。他沉溺于享乐，缺乏长远的政治眼光和雄心壮志。与朱元璋那种锐意进取、胸怀天下的气魄相比，张士诚显得目光短浅，满足于守着自己的一亩三分地，过着安稳的日子，没有更大的抱负。

在战略上，张士诚也犯下了严重的错误。当朱元璋与陈友谅在鄱阳湖进行决战时，这是张士诚扩大势力范围甚至改变历史进程的绝佳机会。但他却选择了观望，坐失良机，这种消极的态度直接导致了他未能在关键时刻把握住历史的机遇。

更为严重的是，张士诚过分依赖自己的弟弟张士信，将军事大权交于他手。这种过度的信任和依赖，使得张士信一旦去世，张士诚的军队便失去了主心骨，士气大挫，战斗力骤降。最终，在面对朱元璋这样的强敌时，张士诚的军队已经没有了抵抗的力量，只能投降。

张士诚的运气是足够的，但能力不够。其实很多时候，一个人的能力不足而又有运气并非好事，因为这样很容易就成为别人的眼中钉。即使在有利的条件下，如果个人能力不足，也很难取得持久的成功。所谓"怀璧其罪"说的正是这个道理。

相反，一个不断提升自己能力的人，即使在运气不佳的时候，也能通过自己的努力克服困难，最终实现目标。他们的能力使他们在逆境中能够找到解决问题的方法，在竞争中保持优势。

因此，我们应该注重培养自己的能力，不断学习和成长。我们应该把能力作为成功的基石，而不是过度依赖运气。同时，我们也要善于抓住机遇和运气，因为它们可以为我们的能力和努力提供更大的舞台。

没有能力支撑的运气，飞不高也飞不远，反而会因为一时的高飞摔得粉身碎骨。

♀ 与运气一起成长

很多时候，我们可能会寄希望于幸运女神的眷顾，期待她能够在某个转角为我们带来意想不到的好运。然而，单纯的等待并不能带来我们期望的结果。与其站在人生的路口，被动地期待着幸运的降临，不如振作起来，主动出击，积极地去为自己寻找和创造机会。

在这个竞争激烈的世界里，机会往往偏爱那些有准备、有能力抓住它们的人。如果我们在当前的环境和情境中找不到显而易见的机会，我们就应该将目光转向自我提升。通过不断学习新知识、磨炼技能、积累经验，我们可以为未来做好准备。当机会来临时，我们就能够去迎接并抓住它。

◆ 善于发现机会

专注于手头任务的完成无疑是重要的，这种专注力能够确保我们以高效率和高质量完成工作，从而为实现目标打下坚实的基础。然而，如果我们的视野仅仅局限于眼前的任务，那么可能会错过周围环境中潜藏的重要信息和机遇。

保持对环境和细节的敏感度，并观察周围的一切变化，是我们在竞争激烈的环境中立于不败之地的关键。这意味着我们不仅要关注任务的直接结果，还要对可能影响结果的外部因素有所洞察。幸运的人往往具备这样的能力，他们能够在日常生活和工作中，敏锐地捕捉到那些可能被忽视的机会。

这些机会可能是一个新项目的线索，一个潜在的合作伙伴，或者是一个能够带来创新思维的想法。幸运的人不会等待机会自己敲门，而是会主动寻找并抓住机会。他们会留意身边的各种可能性，并在适当的时候迅速采取行动，从而在竞争中脱颖而出。

为了培养这种善于发现机会的能力，我们需要不断地锻炼自己的观察力和思考力。这不仅仅是一种被动的等待，而是一种积极的寻求。我们应该学会从不同的角度审视问题，从多个维度分析情况，这样才能够在看似平常的环境中发现不平凡的可能。

此外，保持警觉意味着我们要时刻准备着接受新信息，并对这些信息进行快速而有效的处理。这不仅能够帮助我们及时发现机会，还能够让我们在必要时迅速做出调整，以避免潜在的风险。

◆ 持续学习和成长

通过不断的学习和提升自己的能力，我们不仅能够为自己创造更多的机遇和选择，而且还能够在职场和生活中保持竞争力。

投资时间和精力去学习新的知识、培养新的技能，这不仅能够提高我们的专业素养，还能够增强我们应对各种挑战的能力，使我们在面对不同的机遇时，能够更加从容不迫。

学习新知识的过程，本身就是一种自我能力的提升。随着知识的积累，我们的视野也会随之拓宽，我们对世界的认知和理解也会更加深刻。这种认知的提升，使我们能够从更广阔的角度去审视问题，从而在面对机会时，能够更加敏锐地捕捉到它们，并有效地加以利用。

同时，不断学习还能够帮助我们建立起一套完整的知识体系和思维框架，这对于我们在复杂多变的环境中做出正确决策至关重要。当我们具备了坚实的知识基础和灵活的思维方式，我们就能够更好地适应环境的变化，把握时代的脉搏，从而在激烈的竞争中占据有利的位置。

此外，学习不仅仅是为了职业发展，它还能够丰富我们的个人生活，提高我们的生活质量。通过学习，我们可以接触到不同的文化，了解不同的生活方式，这使我们的世界观更加多元化，生活也更加丰富多彩。

◆ 保持灵活性和适应性

适应变化是与运气一起成长的关键。在这个瞬息万变的世界里，时刻保持灵活性，能够适应环境和情况的变化，灵活调整自己的计划和策略，是成功的关键。当我们面对变化时，不要固守旧有的观念和方式，而是要敢于接受新的挑战和机遇。适应变化需要我们具备开放的心态和积极的行动力。

首先，要保持灵活性。意识到变化是不可避免的，我们需要时刻保持警觉，不断观察和了解周围的环境和趋势。只有及时发现变化，才能做出相应的调整和应对。这需要我们具备敏锐的洞察力和快速反应能力，以便在变化中保持竞争力。

其次，要学会调整计划和策略。当环境和情况发生变化时，原有的计划和策略可能不再适用。我们需要灵活地调整自己的计划，重新评估目标和方法，并采取相应的行动。这需要我们具备快速学习和适应的能力，以便在变化中找到最佳解决方案。

最后，也要保持积极的心态。面对变化，我们可能会遇到困难和挑战，但要相信自己的能力和潜力。保持积极的心态可以帮助我们更好地应对困难，甚至能将难题转化为机遇。这需要我们具备坚定的信念和乐观的态度，以便在变化中保持前进的动力。

◆ 努力改善运气的方向

尽管运气被人们视为一种不可预测的偶然现象，但我们也可以通过不懈的努力来积极塑造和改善自己的运势。关键在于要有意识地在那些可能带来好运的领域投入精力，寻找与自己能力和目标相匹配的方法和策略。

我们可以主动出击，积极寻求新的机会和挑战。其中包括参与各种项目、活动和工作坊，不仅限于自己的专业领域，还可以跨界合作，以此拓宽视野和经验。同时，建立和维护广泛的人脉网络也至关重要，强大的社交网络可以为我们提供更多的信息、资源和支持，从而为我们的职业生涯带来更多的机遇。

简而言之，能力与运气是正相关的，我们可以通过努力来提升自己的能力，同时也可以提升自己获得好运的可能。

我们必须坦诚地承认运气在我们的生活中所扮演的角色。在这个充满不确定性的世界中，公平并不总是存在。很多时候，我们的成败可能受到一些看似随机，或者我们无法控制的因素所影响。无论我们如何努力，这些因素都可能在某种程度上决定着我们的命运。

尽管这样，我们依然坚信努力的价值。然而，这并不意味着我们应该盲目地、不顾一切地努力。相反，我们应该明智地选择努力的方向和方式。

在一定程度上，不懈的努力可以改善我们的运气。其关键就在于，我们需要将努力与运气相结合，让它们相互促进，共同发挥作用。具体来说，我们可以通过在可能吸引好运的方向上投入努力，从而放大我们成功的可能性。

对于那些对我们至关重要的事物，我们应该全力以赴，投入努力和精力。如果某些事情的成功概率已经相对固定，那么我们可以试着通过增加尝试的次数来提高成功的机会。

运气的好坏不应皆凭命运，而应该转化为可以规划和利用的机遇。改善运气的方向体现了一种积极的态度，它意味着我们可以通过自身的努力和行动来改善自己在生活中的气场。

第五章

人际关系
——运气的持久度

♀如何获得好人缘?

在人生旅途中，成功与失败往往只取决于一个关键的人物。这个人物，可能是我们生命中的贵人，他们出现在我们的生活中，为我们带来转机，引领我们走向成功。

在现实中有一些人，总是抱怨命运不公，认为自己遇不到贵人；也有一些人，经历了无数的磨难和困境，总能在关键时刻遇到贵人相助，从而化解危机，转危为安。这让人不禁思考，这两种人之间的区别究竟是什么？

首先，我们需要明白的是，要想拥有良好的人际关系，培养好人缘，就不能自私自利，不能总是以自己的利益为中心。只有当我们真诚待人、关心他人时，才能赢得他人的尊重和信任，从而有人愿意在关键时刻伸出援手。

在社会交往中，自私自利和利益至上是人际关系的最大障碍。持有这种想法的人在与他人互动时，总是将自己的利益放在首位，忽视了对他人的关心和尊重。这种交往模式不仅限制了他们的视野，也阻碍了他们与他人建立深厚情感联系的可能。

自私的人的生活轨迹似乎总是围绕着自己的需求和欲望转。他们追求的是个人利益的最大化，忽视了人与人之间的情感交流和互助合作。这种行为会导致人际关系的破裂和疏远。

与此相反，那些能够获得良好人缘的人，通常是善良的、关心他人的。他们的心中充满了对他人的关爱，他们愿意倾听他人的需求和问题，乐于帮助他人解决困难。他们懂得与他人建立良好的互动和合作关系，注重维护和谐的人际关系。他们的行为总是透露着对他人的尊重和关心，这会吸引他人的喜爱和信任，从而获得更多的支持和帮助。

后者遇到贵人的可能性要远远大于自私自利的人。

有时候，与其抱怨无人相助，不如先反思自己为他人做了什么。

◆ 热心肠

热心肠展现了一种乐于助人的态度，这种态度不仅能够给他人带来便利，还能够加深彼此之间的关系。当你注意到周围的人在面对困难或需要帮手时，主动伸出援手是一种美德，也是建立良好人际关系的重要方式。

比如，当你在办公室看到一位同事的手上堆满了文件时，你可以走上前去，用温和的语气询问："看起来你手上的文件不少，需要我来帮忙吗？"这样的一句话，不仅能够减轻同事的负担，还能让他们感受到你的关心和愿意提供帮助的诚意。

同样地，如果在家里，你看到邻居在搬运重物或者进行一些打理工作，你也可以主动提出帮助，主动说："我看你在这里忙碌，需要我帮忙吗？"这样不仅能够展现你的友好和乐于助人的态度，还能够加强邻里之间的联系和友谊。

在任何情况下，当我们主动提供帮助时，我们传递的不仅仅是对他人的关怀，更是一种积极的生活态度。这种热心肠的行为，能够让他人在面对挑战时感到不孤单，同时也能够在团队和社会中营造一种互助合作的良好氛围，从而在自己遇到困难时也更容易得到他人的帮助。

◆ 尽己所能

有时候，我们不得不寻求别人的帮助，但是在寻求他人帮助之前，我们应该首先尽自己最大的努力去解决问题。这样不仅能够体现出我们对于解决问题的决心，还能够展示出我们的诚意和努力。通过自己的付出和努力，能够让他人明白我们的坚持和不懈。这样一来，当他们收到我们的请求时，会更加愿意伸出援手。

因为在他们看来，我们并不是轻易放弃的人，他们也能看出我们是真真切切遇到了自己解决不了的难题。这时的求助显得更为迫切和真诚，而不是轻率的。同时，他们也会认为，我们是值得帮助的人，因为我们展示的努力和诚意足以说明一切。

◆ 真诚致谢

在得到别人的帮助后，我们应该真诚地表达自己的感激之情。这是一种礼貌，也是对他人付出的尊重和认可。当然，表达感激的方式多种多样，可以是直接的口头感谢，也可以是书面的形式，比如写一封感谢信或感谢卡片。

　　口头感谢是一种直接而即时的方式，可以在对方给予帮助后立刻表达出来。我们可以简单地说一声"谢谢"，或者更加详细地描述他们的帮助对我们的意义，可以这样说："我真的很感激你在这个时候帮助我，这对我来说意义重大。"这样的话语不仅能够让对方感受到我们的真诚，也能够让他们知道他们的善举是被看见和珍视的。

　　书面感谢则是一种更加严肃和有仪式感的方式，它可以让我们有更多的时间去思考和表达我们的感情。在感谢信或卡片中，我们可以详细地描述对方的帮助对我们产生了怎样的积极影响，以及它给我们带来了哪些具体的改变。我们可以这样写："你的建议让我看到了问题的另一面，现在我能更加自信地面对挑战了。"这样的文字不仅能够让感激之情得到充分的表达，也能够让对方深刻地感受到他们的行为多么有价值。

　　通过这些方式表达感激，不仅能够让帮助我们的人感受到被尊重和赞赏，也能够增强他们今后继续帮助我们的动力。人们通常愿意再次帮助那些能够真诚感激并认识到他们努力的人。因此，及时并真诚地表达感激，不仅是一种美德，也是建立和维护良好人际关系的重要一环。

◆ 了解对方的需求

　　在帮助别人、伸出援手之前，首要的是深入理解那些需要帮助的人们的具体需求。每个人都是独一无二的，他们的需求和偏好也各不相同，这就使得了解这些需求变得尤为重要。当我们能够准确地把握对方的需求时，我们提供的帮助才会更加有效。

为了深入了解他人的需求，我们可以采取多种方式。直接与对方进行沟通是最直接、最有效的方式之一。通过倾听对方的讲述，我们可以了解到他们的困境、愿望以及他们希望得到的帮助。此外，观察对方的行为和非言语信号也是一个重要的途径。有时候，人们可能并不会直接表达他们的需求，但他们的行为和举止可以为我们提供线索。

在了解了对方的需求之后，我们可以根据这些信息来提供相应的帮助。这可能意味着提供资源、建议，或者直接介入帮助解决问题。更为重要的是，我们的帮助应该是有针对性的，能够满足对方的实际需求，而不是基于我们自己的假设或者偏好。

◆ 尊重对方的选择

在我们伸出援手提供帮助的时候，必须始终保持对对方选择和决定的尊重。每个人面临的问题都是独特的，他们可能有自己的理由或偏好来处理和应对。因此，即使我们出于好意提供了帮助，我们必须理解并接受这样一个事实：有时候，对方可能会拒绝我们的帮助，或者他们可能会选择一种与我们的建议背道而驰的方法来解决问题。

在这种情况下，我们应该保持良好的心态，不要感到沮丧或失望。我们要明白，每个人都有权根据自己的判断和需求来做出最适合自己的决定。如果我们的帮助被拒绝了，我们应该表示尊重和理解，而不是试图强迫对方接受我们的帮助或观点。

这种尊重不仅体现了我们对他人自主权的尊重，也是建立健康人际关系的基础。通过尊重对方的决定，我们展示了对他们的尊重和信任，这样的态度有助于建立和谐的社会环境，其中每个人都能够感到被尊重和支持。

♀如何把握住生命中的每一个贵人？

我们必须认识到，在个人成长和职业发展的道路上，贵人带来的帮助具有不可估量的价值。这些贵人可能是我们生活中的导师、行业内的专家，也可能是身边亲密无间，或者萍水相逢的朋友。他们能够为我们打开新的大门，引导我们走向更广阔的舞台。因此，与这些贵人建立联系，不仅是一种智慧，也是一种对自己未来负责的态度。

之所以将他们称为贵人，是因为他们会向我们推荐工作机会，或者在关键时刻为我们引荐重要的人脉。此外，贵人还能够提供资源支持，这些资源可能是知识、技能、资金或者其他能够帮助我们实现目标的要素。通过与贵人的交流和合作，我们能够获得这些资源，从而加速个人发展。

更为重要的是，贵人能够给予我们指导和建议。他们的经验和智慧是我们无法从书本上获得的，他们的指点能够帮助我们更快地达成目标。在面对挑战和困难时，贵人的建议和支持能够成为我们前进的明灯。因此，我们应该积极主动地去结交贵人，这不仅仅是为了获取更多的资源和机会，更是为了让自己在成长的道路上少走弯路，更快地实现自己的梦想。

同时，我们也应该学会如何与贵人建立良好的关系，如何有效地沟通和互动，这样才能确保我们能够充分利用贵人提供的帮助和支持。

◆ 保持积极的心态

乐观不仅是一种生活态度，更是一种能够影响我们周围环境的力量。当我们成为一个充满正能量的人时，我们的心态会像阳光一样，照亮我们的道路，使我们在任何困境中都能看到希望。

积极乐观的人散发出的正能量能够吸引身边的人靠近，尤其是"贵人"。他们通常有着敏锐的洞察力，能够识别出那些具有积极心态和潜力的人，并愿意向他们伸出援手。贵人之所以更倾向于与积极向上的人建立联系，是因为这样的人通常具有更强的适应能力和创造力，能够在面对困难时找到解决困难的新方法。

这种积极的思维方式和行动力，不仅能够激励自己，也可以激励周围的人，营造一种良性循环的氛围。在这种氛围中，每个人都能够相互启发，共同成长，从而产生更多合作的机会。

◆ 建立良好的人际关系

通过积极地与不同的人建立联系，我们不仅能够扩大自己的社交圈子，还能够丰富自己的人生体验，提高社交能力。

首先，参加社交活动是拓宽人际关系的有效途径。无论是公司组织的聚会、朋友的聚餐还是社区的活动，都是结识朋友、加深友谊的好机会。在这些活动中，我们可以与来自不同背景的人交流，了解他们的生活和工作，从而开阔视野，增进彼此之间的了解。

其次，加入兴趣小组也是结交志同道合朋友的好方法。无论是运动俱乐部、书籍俱乐部还是艺术工作坊，兴趣小组都能让我们在共同的爱好中找到伙伴，分享经验和快乐。这样的环境有助于我们建立起基于共同兴趣的深厚友谊，这些友谊能够持久并且带来正面的影响。

最后，还可以参与志愿者活动。这不仅能帮助他人，也是提升自我价值感和社会责任感的重要途径。在志愿服务中，我们会遇到各种各样的人，包括其他志愿者、受助者以及慈善机构的工作者。这些经历不仅能够让我们感受到帮助他人的快乐，也能够结识一些具有高度社会责任感的朋友，甚至可能会遇到未来的合作伙伴或导师。

◆ 提升自己的能力

想要得到他人的帮助与支持，自己也要有与之匹配的能力，这就要求我们必须不断地提升自己的能力和知识水平。通过不懈的努力，将自己逐渐塑造成为一个具有高价值的人，这种价值不仅体现在专业技能上，还包括解决问题的能力、创新思维和领导才能等多方面。

在这个过程中，与贵人建立联系成为一个重要的环节。贵人往往拥有丰富的经验和独到的见解，能够为他人提供指导和帮助。然而，贵人并不是一视同仁的，他们更倾向于与那些有能力、有潜力的人建立联系。这是因为他们能够洞察到这些人的内在价值，认识到他们的发展潜力和未来成就的可能性。

当一个人不断提升自己，无论是通过正规教育、自学还是实践经验的积累，他们的能力和知识水平都会得到显著提升。这样的人会散发出一种独特的魅力，吸引贵人的注意。贵人会看到这些努力进取的人所具备的专业素养和潜在能力，认为他们是值得投资和培养的对象。因此，他们会更愿意提供机会、分享资源，甚至是亲自指导，帮助他们实现个人的职业目标和生涯发展。

◆ 保持谦逊和感恩之心

在与人打交道的过程中，无论对方是谁，保持一种谦逊的态度和一颗感恩的心是至关重要的。这种态度不仅体现在你的言行举止上，更是一种内心的修养。

一方面，谦逊意味着你能认识到自己的不足，并且愿意学习和接受他人的意见和建议。在与他人交流时，要展现出一种愿意倾听、虚心学习的姿态，这样的行为会让你显得更加可亲可信和值得尊重。

另一方面，感恩之心是指对他人的帮助和支持心存感激。当有人给予你帮助时，不论是职业上的指导还是生活中的关照，都应该表达出你的感激之情。这不仅是一种礼貌，也是对对方付出的认可和尊重。你可以通过言语感谢，也可以通过实际行动来表达你的感激之情，比如努力工作，将对方的教诲付诸实践。

当你展现出真诚的谦逊和深深的感激时，帮助我们的人会真切地感受到你的诚意和善意。这种正面的情感反馈会促使他们更愿意与你建立长期的合作关系。在人际关系中，这种基于相互尊重和感激的关系往往更为稳固，也更有可能为双方带来共同成长和成功。

◆ 主动寻求机会

在职业发展和个人成长的过程中，与贵人建立联系和合作关系是至关重要的。主动寻求与这些贵人接触和合作的机会，对于开拓视野、提升自我以及实现职业目标都有着不可估量的价值。

首先，要增加与贵人接触的机会，通过参加行业内的各种活动。这些活动包括但不限于行业博览会、交流会、新产品发布会等。在这些活动中，你不仅可以了解最新的行业动态和趋势，还有机会与行业内的专家和领导面对面进行交流，从而建立起宝贵的人脉资源。

其次，通过共同的朋友或熟人引荐自己。人际关系网络在职场中扮演着至关重要的角色。你可以向你的朋友或熟人表达你想要扩展人脉的愿望，让他们在适当的场合为你引荐。通过这种方式，你可以更容易地获得贵人的信任和认可。

最后，不要忘记利用社交媒体和专业网络平台。在这些平台上，你可以关注行业领袖，参与相关话题的讨论，甚至直接向他们发送私信。通过这样的互动，你可以通过展示自己的能力获得关注，并与贵人建立起联系。

◆ 保持长期的联系

在职场和生活中，与贵人建立长期的联系和合作关系是至关重要的。这种关系不应该是建立在单方面需要帮助时的临时联系，而应该是一种持续的、双向的交流和互动。这就意味着，在日常生活中，我们需要不断地与贵人保持沟通。

为了维护这种关系，我们应该定期与贵人分享自己的成长和发展。这不仅可以让他们了解我们的最新动态，也能够展示我们对他们的尊重和信任。通过分享我们的成功和发展，可以加深彼此之间的了解，增强信任感，同时也可以从他们那里获得宝贵的反馈和建议。

与此同时，我们也应该真诚地关心和支持贵人的发展。包括了解他们的目标和需求，以及在他们需要时提供帮助和支持。这种互惠互利的关系能够促进双方的共同成长，建立起一种稳固的伙伴关系。

♀ 你还在等待你的伯乐吗？

常言道："千里马常有，而伯乐不常有。"

或许正如法国雕塑家罗丹所言："世界上并不缺少美，而是缺少发现美的眼睛。"

有时候，与其苦苦等待伯乐的出现，不如自己当伯乐，去发现和挖掘自己的千里马。因为千里马也可能成为我们的贵人，给我们带来更好的机会与发展。

然而，你可能会有疑问："我又不管人事，也没有伯乐的眼光，怎么分得清哪些是千里马，哪些是劣等马呢？"

正如运气是可以培养的一样，伯乐的眼光与格局也是可以培养的。

换言之，就算你不想当伯乐，难道你还不想成为领导吗？领导者所看到的世界和接触的机会要比平常人多很多。

◆ 培养发现美的眼光

培养发现美的眼光是一种重要的能力，它可以让我们更加敏锐地观察和欣赏周围的美好事物。同时，也可以发现他人身上的潜力与优点。这种能力要求我们具备敏锐的洞察力，以及对人性的深刻理解。

更为重要的是，培养发现美的眼光需要具备对人性的深刻理解和同理心。只有真正理解他人的内心世界，才能够准确地感知到其中的美好和价值。因此，除了敏锐的观察力外，我们还需要有包容和开放的心态，去欣赏和尊重不同个体之间的差异和独特之处。

通过积极地关注他人的这些特质，我们不仅能够帮助他们认识到自己的价值和潜力，还能够通过提供必要的支持和机会，帮助他们在职业和个人生活中实现成长和进步。这种对他人潜能的发掘和支持是一种无形的投资。无论是对于个人还是组织，它都能够带来长远的回报。

此外，这种关注和赏识他人的能力，还能极大地激发团队成员的积极性和自信心。当人们感受到被重视和认可时，他们会更加投入和热情地工作，这种积极性会转化为更高的工作效率和更好的团队协作。同时，这也有助于建立一种充满正能量的工作环境，每个人都能够感到自己是团队不可或缺的一部分，从而建立起一种积极向上、互相支持的团队氛围。

◆ 提供支持和机会

每个人都渴望有一个舞台来展示自己的才华和能力，追求自我价值的实现。为此，我们应该积极地为他人创造这样的机会，搭建一个平台，让他们能够尽情地展现自己的特长和潜能。这不仅是对他人的一种尊重和信任，也是一种激励和支持。

首先，我们可以为他们提供必要的资源和条件，比如提供培训、资金、设备或者信息等，帮助他们克服在追求目标过程中可能遇到的困难和挑战。

其次，我们可以给予他们精神上的支持，通过肯定他们的努力和成就，增强他们的自信心，让他们相信自己有能力实现自己的梦想。

最后，我们还可以通过建立良好的沟通渠道，倾听他们的想法和需求，给予他们合理的建议和反馈，帮助他们更好地规划和发展。同时，我们也应该鼓励他们去尝试新的事物，勇于创新，不断学习和进步，以便在各自的道路上走得更远。

◆ 建立合作关系

与有潜力的人建立合作关系也是至关重要的。这种合作关系基于双方的共同利益，有助于推动各自的成长和发展。通过携手合作，可以共同设定目标，并为之付出努力，这样的过程将使目标更加明确，实现的可能性也大大提高。

在合作的过程中，我们也有机会深入了解合作伙伴的技能和才能。这种深入的了解可以涉及他们的核心能力和潜在的发展可能性。我们可以观察他们如何应对挑战，如何解决问题以及他们在压力下的表现。这些信息对于评估他们的长期潜力和为未来的项目或合作选择合适的伙伴来说至关重要。

此外，通过建立合作关系，彼此还可以分享资源、知识和经验，这种交流是双向的，不仅有助于我们个人发展，也有助于我们的合作伙伴成长。在这样的互动中，我们可以相互激励，共同创造新的想法和方法，从而推动项目发展。

◆ 提供指导和反馈

作为具有伯乐般洞察力的领导者，要拥有独特的能力，能够通过提供专业的指导和建设性的反馈，帮助他人在职业和个人成长的道路上不断前进。我们的经验和知识是宝贵财富，通过分享这些资源，我们能够帮助他人发现并激发潜能。

在我们的引导下，千里马们（或下属）可以学习如何设定实际而富有挑战性的目标，制订有效的行动计划，并在实践过程中逐步提升自己的效率。我们的经验可以为他们提供关于如何克服障碍、处理复杂问题以及如何在压力之下保持冷静和专注的建议。

作为伯乐（或领导者），我们的角色不仅仅是一个教师或者顾问，更是一个激励者和启发者。通过自己的榜样作用，激发他人的潜力，鼓励他们追求卓越，不断自我超越。对于他们来说，我们的存在是一股推动力，帮助他们在职业道路上取得进步，实现个人目标。

☿ 别让自己的爽成为他人的不爽

在职场中，我们不可避免地会遇到各种各样的人。其中，有这样一部分人，他们似乎总是乐于将自己的快乐建立在他人的不悦之上。这种行为往往源于一种以自我为中心的生活态度，他们很少去顾忌他人的感受，缺乏同理心。这种人从来不会站在他人的立场上思考问题，更不会去关心别人的福祉。

这种以自我为中心的态度，影响了他们与他人的关系，进而影响了自己的社交圈。因为他们很难赢得周围人的喜欢和尊重，这使他们在人际交往中处于不利地位。随着时间的推移，他们会发现，在自己需要帮助时，往往难以得到他人的援手。毕竟人际关系是建立在互相尊重的基础之上的，而那些只考虑自己、忽视他人感受的人，自然很难建立起真正稳固的人际网络。

更需要强调的是，这类人在追求事业的成功时会遇到不少障碍。在职场中，能够遇到贵人相助，是职业发展的一个重要契机。

然而，对于那些缺乏同理心且总是以自我为中心的人而言，即使有机会遇到能够提携自己的贵人，他们也可能因为自己的态度和行为而错失宝贵的机会。

这样的人，或许自身有很强的实力。若是同理心强一点儿，取得的成就会更大，但他们就这样被自己束缚在了狭小的圈子里，甚至有时候混得还不如普通人。在历史上，这样的人也很常见，他们有的因此丢了性命。

比如，三国时期的许攸，他是官渡之战的大功臣。如果没有他，曹操很难击败袁绍。按理说，这样的人是曹操的贵人，应该被曹操珍视才对，但他最终的结局却是身首异处。这并非曹操心胸狭隘，用今天的俏皮话来讲，是许攸自己"作死"。

许攸的叛袁归曹，给曹操带来了一个袁绍的内部消息——粮草在乌巢。随后，曹操的一把火打破了官渡之战的僵持状态，而许攸也成了曹军的头号功臣。

后来，曹操率兵攻破了邺城，一举平定了冀州。作为平定冀州的首要功臣，许攸自然是风光无限。面对掌声与欢呼声，许攸忘乎所以，俨然将自己当成了曹操的救星。在面对曹操的时候，许攸直呼他的小名"阿瞒"，全然不顾及这位老朋友的面子。

很显然，许攸飘了，人一旦飘起来了，前方等待他的便是万丈悬崖。

有一次，许攸当众对曹操说："阿瞒，没有我，你是得不到冀州的。"这是典型的在众人面前向领导邀功，这样的人自然不招同事待见。做人最忌自吹自擂，如果这话是别人说出来的，倒也无妨，只是从许攸口中说出，便多了一股令人不爽的味道。曹操心想：敢情冀州是许攸一人拿下来的？敢情那么多将士的浴血奋战还不如许攸的一张嘴？对此，曹操心知肚明，但表面上还是附和道："对，你说的是。"

又有一次，许攸恰好走出了邺城的东门。他抬头望着城楼，感慨万千地说："曹家若是没有我，是进不来此门的。"最终，曹操忍无可忍，将许攸下了大狱，随后许攸被杀。

对于这样的人，就算幸运女神也无可奈何，因为嘴长在他自己身上。俗话说"病从口入，祸从口出"，有时候，灾祸往往都是因为管不住自己的嘴巴。在同一时期，还有一个管不住自己嘴巴的人，他就是祢衡。

祢衡早年就因为文采飞扬而广为人知。那时候，他在荆州避难，后来跟随曹操等人来到了许昌，却一直得不到施展才华的机会。曾有人劝过他，为何不去投奔陈群或司马朗，让他们帮你引荐一下？祢衡却直接回绝了，因为在他看来，当时也就孔融与杨修还算人才，至于其他人，皆不值一提。

孔融多次向曹操推荐祢衡，曹操是一个爱才的人，对祢衡赞赏有加，然而祢衡却看不惯曹操那一套。曹操一心想接近祢衡，却吃了很多次闭门羹。

有一次，曹操大宴宾客，欢声笑语之中，只有祢衡一人苦着脸。酒足饭饱之后，曹操想起了之前的耻辱，便决定要好好羞辱一下他，以解心头之恨。

祢衡擅长击鼓，曹操便让他去击鼓。祢衡没有换击鼓时专门穿的服装便上前去演奏，顿时，场上响起了《渔阳》，鼓声悲壮，听得众人皆忘乎所以。

鼓毕，祢衡来到了曹操跟前，旁边的人怒斥道："你怎么不换衣服？"

祢衡大笑一声，说了句："好。"

接下来的一幕让众人都大吃一惊，祢衡竟然当众换衣。祢衡换好衣服后，便转身离开了，表情没有一点儿变化。

曹操见状，酒醒了大半，苦笑道："我本来想羞辱祢衡，没想到却被他给羞辱了。"

之后，曹操就把祢衡打发到了荆州。来到荆州后，刘表也非常欣赏祢衡的才华，将其视为朋友。可谁料，祢衡依旧如此，心高气傲。时间久了，刘表也着实消受不起。

荆州也容不下祢衡，刘表又将其打发至江夏太守黄祖处。

有人说，其实曹操和刘表都很烦祢衡，都想杀了他，但祢衡毕竟是天下名士，直接杀了唯恐让自己背负骂名，于是都采用了借刀杀人之计，将祢衡打发到了其他地方。但换个角度一想，曹操与刘表没有杀他，难道不是幸运女神给他的好运、给他的机会吗？

尽管祢衡拥有卓越的才华和过人之处，但他的性格或行为似乎总是让别人感到不悦。对于这样的人，即便幸运女神给予他再多好运，也难以抵挡因他个性或行为而引起的不满情绪。因此，我们应该理解和尊重他人，尽可能做到皆大欢喜。

♀ 感恩让我们更幸运

如果善于观察，就会发现，身边那些被朋友们称为"幸运儿"的人，都常怀一颗感恩之心。

无论面对生活中的顺境还是逆境，他们都能保持感恩的心态，这种心态仿佛是他们吸引好运的"磁铁"。

他们不仅对生活中的小确幸心存感激，比如一顿美味的饭菜、一次愉快的聚会，或者是一段温馨的对话，而且即使在遭遇挑战和困难时，也能找到值得感激的点滴，或是因为这些经历让他们成长，或是因为这些挑战让他们更加坚韧。

这些被称为"幸运儿"的人，他们的感恩之心不是表面的礼节，而是一种深入骨髓的生活态度。他们懂得珍惜身边的人和事，无论是来自他人的帮助和支持，还是生活中的种种便利和美好。他们都能够清醒地认识到，每一份恩赐，无论大小，都值得他们去珍惜和回报。

这种感恩的心态，不仅让他们在社交圈中散发出积极和谐的气场，也让他们能够更好地应对生活中的起伏。他们相信，每一次不幸都可能成为未来幸福的垫脚石，每一次失败都是通往成功的必经之路。因此，他们能够在挫折中看到希望，在困境中找到出路。

◆ 内心的平静和满足感来自感恩

当我们学会感激生活中的点点滴滴时，无论是面对阳光明媚的一天，还是与亲朋好友的温馨时光，又或是平淡无奇的一天，我们会发现自己对生活的态度变得更加积极和乐观。这种积极的心态使我们更加专注于寻找和欣赏生活中的美好，而不是纠结于不完美或不如意的事物。

感恩的心态是一种强大的力量，它能够帮助我们在面对挑战和困难时保持坚韧不拔。当身处逆境时，如果我们能够停下来，去感谢那些在困难时刻也陪伴在我们身边的人或事物，就会发现自己的抵抗力得到了加强。这种感恩的力量能够缓解我们的焦虑和沮丧，帮助我们以更加平和的心态去应对生活中的波折。

此外，感恩还能够提升我们的心理健康水平。当我们习惯于感激他人的帮助和支持时，就会更愿意去帮助他人，这样不仅能够增强我们与社会的联系，还能够提升我们的自我价值感。这种积极的互动和反馈，能够让我们的心灵得到滋养，从而拥有更加健康和充实的生活。

◆ 感恩可以建立和谐的人际关系

感恩的心态能够在很大程度上帮助我们建立和维护良好的人际关系。当一个人心怀感激之情时，他会更加关注周围人的付出和帮助，这种关注不是被动的接受，而是积极的、有意识的感知。

这种对他人努力和贡献的认识，使得我们能够更加真诚地表达对他人的感激之情，从而在人际互动中播下信任和理解的种子。随着时间的流逝，这些种子会逐渐生根发芽，最终长成坚固的纽带，将我们与他人紧密相连。在这样的关系中，人们更容易感受到被尊重和珍视，这种感觉是人际关系中最为宝贵的财富之一。

科学研究也证实了感恩心态的积极影响。研究表明，那些经常怀有感恩之心的人，能够在社会中建立起更加稳固和融洽的人际关系网络。这不仅为他们提供了更多的社会支持，还带来了更深层次的情感满足，使他们在面对生活的挑战时，拥有更强的心理韧性和应对能力。

在工作环境中，感恩的心态同样具有不可忽视的价值。当员工之间相互感激、互相认可对方的努力和贡献时，团队的凝聚力和合作精神便会得到显著提升。这种正面的工作氛围不仅能够激发员工的创造力和潜能，还能够提高工作效率，增加工作满意度。在这样的环境下，员工更愿意为共同的目标而努力，共同面对挑战，共同庆祝成功。

于内，我们获得了幸福与满足。

于外，我们收获了支持与肯定。

这样的人，难道幸运女神会对他视而不见吗？

从现在开始，如果想要获得好运，就要从身边的小事做起，感谢每一个为我们付出的人，感谢每一个给予我们帮助的人，感谢每一个让我们笑容满面的时刻。

◎如何培养自己的感恩习惯?

◆ 记录值得感恩的事情

在日常生活中,总会有一些温馨的瞬间和值得感激的人或事,它们或许平凡而微小,却是我们生活中不可或缺的一部分。为了更加深刻地体会到这些美好,我们可以每天抽出一点儿时间,静下心来,回想一天之中感到温暖、心存感激的事情。这可能是家人无微不至的关爱,他们总是在我们最需要的时候给予支持和鼓励;也可能是朋友危急时刻伸出的援手,他们的理解和陪伴让你感到不再孤单;又或者是生活中的一些"小确幸",比如美丽的日出,或者是完美的咖啡拉花。

将这些让我们心存感激的事情记录下来,不仅是一种情感的释放,更是一种心灵的沉淀。当我们在低落或挫败时,翻看这些记录,会发现生活中原来有这么多值得珍惜和感激的瞬间。这样的习惯,可以帮助我们建立一种积极的心态,让我们在面对困难和挑战时,能够从心底获得一股力量,支撑我们继续前行。

通过感恩记录,我们会逐渐意识到,生活中的美好并不总是显而易见的,它需要我们用心去发现、去感受。这种感恩的习惯能够增强我们的心理动力，让我们在未来的日子里，更加珍惜每一个与家人、朋友共度的时光，更加珍惜生活中的每一份礼物。学会感恩，就会发现，生活本身就是一份最大的礼物，而我们所拥有的远比想象的要多得多。

因此，不妨从现在开始，每天都花几分钟时间去思考并记录下那些感恩的事情，让这份感恩成为生活中的一道亮光，照亮前行的每一步，让心灵之旅更加丰富和美好。

◆ 表达感激之情

表达感激之情不仅能够增强人际关系，还可以帮人们传递正能量，营造和谐的社会氛围。向身边的人表达感激之情并不难，简单的一声"谢谢"就可以传达心意。这个小小的举动，能够让他人感受到我们对他们的存在和帮助的珍视，从而加深彼此之间的情感联系。

给予贴心的礼物也是表达感激之情的一种方式。礼物不需要追求昂贵或华丽，它的意义在于传递我们对对方的关心和感激。很多时候，一封简单的手写信、一张精心挑选的卡片，或是一份亲手制作的礼物，都能够让人们感受到我们的心意和对这段关系的珍视。

将感激之心付诸行动，是一种礼貌，更是一种生活的态度。当我们学会感激时，自己的生活也会变得更加丰富多彩，人际关系也会变得更加牢固。所以，我们要用实际行动去感谢那些在生活中发光和发热的人，让感激成为我们生活中不可或缺的一部分。

◆ 实践善意和关爱

善意可以是对朋友的一个温暖的拥抱，是对陌生人的一个微笑，或者是对同事的一句鼓励的话。这些都是我们在日常生活中可以轻松实践的善意。

善意还意味着对他人的宽容和理解。在多元化的社会中，我们会遇到不同的人，他们可能有着不同的背景、信仰和观点。善意要求我们放下偏见，用一颗开放的心去接纳和理解他人。通过这种方式，我们可以营造和谐的交际氛围，促进社会的包容性和进步。

通过积极地与他人互动，我们不仅能够帮助他人解决问题，还能够培养自己的善念。当看到我们的帮助带给他人快乐和满足时，我们的内心也会感到一种前所未有的平和和满足。这种内心的平和是任何物质财富都无法比拟的，它是我们在忙碌和压力之中找到平衡和宁静的源泉。

◆ 关注生活中的美好事物

在繁忙的日常生活中，我们很容易忽略那些微小但美好的事物，以及那些我们每天都拥有且被视为理所当然的东西。为了提升我们的生活质量，培养一种对生活中美好事物的关注非常重要。这意味着我们需要在日常生活中刻意地寻找那些能够带给我们快乐和满足感的时刻和物品。

一个简单的做法是，每天抽出一点儿时间，哪怕只有几分钟，深入思考并列举出那些在当天让我们感到美好的事情。可以是一顿美味的饭菜、一段温馨的对话、一次愉快的散步，或者是任何一种让我们感到心情愉悦的体验。通过这样的练习，我们不仅能够更加珍惜生活中的每一刻，还能够逐渐培养出一颗感恩之心。

感恩之心是一种积极的生活态度，它能够帮助我们在面对挑战和困难时保持乐观，同时也能够增强我们对他人的同情和理解。当我们意识到并感激那些我们所拥有的美好时，我们更有可能与他人分享这些美好，从而向他人传递美好与幸福。

此外，这种意识关注还有助于我们更好地理解自己的需求和欲望。当我们开始关注那些简单的事物时，就会发现，那些曾经追求的物质财富和社会地位并不总能带来长久的幸福感。相反，真正让我们感到满足的是那些与家人和朋友的深厚关系，以及那些日常的快乐时刻。

◆ 学会自我审视

自我审视可以帮助我们判断和理解自己是否经常陷入抱怨和埋怨的负面情绪中，或者是否允许负面情绪在心中占据主导地位。通过这样的自我反思，我们不仅能够更加深刻地认识到自己的内心世界，还能够逐步培养出一种更加积极向上的心态。

当我们开始意识到抱怨和埋怨并不能解决问题，反而可能会加剧我们的不满和挫败感时，我们就能够转变思维模式，学会以更加有建设性的方式应对生活中的挑战。同时，当我们意识到自己可能被负面情绪所困扰时，我们就有机会去调整情绪，寻找那些能够带来积极影响的事物。

自我反省的过程也是自我成长的过程。它要求我们诚实地面对自己的弱点和不足，帮助我们发现自己的优点和潜力。通过这种方式，我们可以不断改善自己，让自己能够感受到更多善意，并释放更多善意。

◆ 感恩是一种双向的收获

有些人认为表达感恩之情，是一种社交策略，旨在赢得他人的好感和认可。这种观点认为，向他人表达感激之情的重点是帮助自己在社会交往中获得更多的帮助和支持。

这些人可能会进一步阐述，感恩的行为虽然看似无私，但在某种程度上，它是建立在预期回报的基础上的。换句话说，他们更看重的是回报。当一个人对另一个人表示感谢时，他实际上是在投资于一段关系，希望这种投资最终能够带来某种形式的个人利益。这种利益可能是直接的，比如获得对方的援助或者提升自己的社会地位；也可能是间接的，比如通过建立良好的声誉来增强自己的社会资本。

这种观点忽略了感恩本身的内在价值。感恩并不仅仅局限于单方面的给予，而是一种双向的交流和收获。实际上，感恩更是一种自我修养，一种内心的修炼，它不仅是为了别人，更是为了我们自己。

当我们表达感恩时，我们不仅仅是在向那些帮助我们、支持我们的人表示感谢，更是在通过这样的行为来培养自己的感恩心态。这种心态能够让我们更加珍惜眼前所拥有的一切，无论是物质的财富还是精神的支持。它使我们意识到，生活中的美好并非理所当然，而是需要我们去珍惜和感激的。

此外，感恩也是一种积极的生活态度，它能够帮助我们在面对困难和挑战时，保持一颗平和与乐观的心。当我们学会感恩，我们就会更容易从失败中吸取教训，从挫折中找到成长的机会。因为我们知道，每一次帮助和每一段经历都是我们成长道路上宝贵的财富。

第五章 · 人际关系——运气的持久度

第
六
章

影响力
——运气的广度

♀你的影响力，就是你运气的广度

毫无疑问，一个人的影响力是衡量他在社会中地位和认可度的一个重要指标。当一个人的影响力显著增长时，他的社会声望也会随之水涨船高。这种声望不仅仅是名誉的象征，也是开启各种可能性的钥匙。随着影响力的扩大，个人能够接触到的人际网络也会相应地扩展。这种人脉的拓宽，为个体提供了更为丰富的社会资源，使其能够在职业发展甚至是日常生活中拥有更多的选择和机会。

这种现象恰如一句流传甚广的俗语所言："多条朋友多条路"。这句话揭示了一个简单而深刻的道理：人际关系的广泛性直接关联到一个人能够走多远，能够达到何种高度。在现实生活中，一个人的社交网络往往成为其实现目标的重要助力。无论是寻求职业上的合作，还是寻找生活中的帮助，一个广泛的人脉网络都能提供不同维度和多样的解决方案。因此我认为，影响力决定了运气的广度。

要想扩大自己的人脉圈，就要先提升自己的影响力，而不是直接去寻找别人。如果一个人有了一定的影响力，就会形成一个磁场。有一种说法就是，当一个人成功了，身边的朋友自然就多了。因为影响力已经足够强大，足以吸引其他人主动来与我们建立联系。

人们会被我们的成就、我们的专业知识、我们的领导能力或者我们的创新思维所吸引。他们可能会因为我们能够提供的机会、知识或者资源而希望与我们建立联系。因此，在大多数时候，与其花费大量的时间和精力去主动寻找和建立人脉，不如专注于提升自己的能力和影响力。

在当今这个互联网高速发展的时代，社交媒体和各类内容分享平台已经成为人们日常生活中不可或缺的一部分。在这样的背景下，那些在特定平台上拥有数百万甚至数千万粉丝的网络红人，即所谓的大V，他们在广泛的用户群体中拥有着不容小觑的影响力。这些大V凭借其庞大的粉丝基础，往往能够吸引大量的关注和讨论，他们的言论和行为也能够在瞬间引发广泛的讨论。

正因为这种强大的影响力，大V们成为众多品牌和企业争相合作的对象。他们的每一篇帖子、每一次推荐，都可能转化为巨大的商业价值，无论是产品推广、品牌代言还是内容创作，大V们都能够通过自己的影响力，为合作伙伴带来显著的市场效应。因此，他们接触到的商业机会远远超过了普通个体，这为他们提供了更多的选择和更大的发展空间。

随着商业机会的增多，大V们成功的可能性也随之提高。他们不仅能够通过与品牌的合作获得丰厚的回报，还能够利用自己的影响力进行个人品牌的塑造和发展。这种相互促进的关系，使得大V们在当今社会中更容易实现个人价值和商业成功。

除此之外，对于大部分普通人来讲，提高影响力也能获得很多职场上的机会，这也有助于他们的未来发展，甚至更有可能拥有好运。那些具有广泛影响力的个体，往往能够在职场上获得更多的青睐和机会。这种影响力可能来源于他们在特定领域的专业知识、技能，或者是他们所建立的广泛的社交网络。

这些人通常拥有良好的声誉，他们的专业能力和以往的成就为他们赢得了同行和业界的尊重。这种声誉不仅是他们个人品牌的一部分，也是他们职业生涯的一大资产。当他们寻求新的职业机会时，他们的名字和过往的成就往往能够吸引雇主和招聘者的注意，使他们在众多求职者中脱颖而出。

此外，这些拥有影响力的个体通常在专业领域内有着深厚的功力和丰富的经验，这使得他们成为潜在的宝贵资产。雇主和招聘者在寻找候选人时，往往会优先考虑那些能够带来快速盈利和长期增长的人。因此，这些个人的专业能力成了他们竞争力的重要组成部分，增加了他们在职场中的吸引力。

不仅如此，这些个人往往还擅长社交，他们能够利用自己的人脉资源为自己开辟新的职业道路。在职场竞争中，这种能力同样不可小觑，因为它能够帮助他们获取信息，发现机会，甚至是在关键时刻获得推荐或支持。

当一个人拥有了影响力，他就能够更容易地在组织内部获得关注，从而得到更多承担重要项目和任务的机会。这些机会往往伴随着新的挑战，迫使个人不断学习新技能，积累新知识，以适应不断变化的工作要求。

随着个人在组织中的影响力增强，他们往往能够更有效地与

第六章 · 影响力——运气的广度

同事、上级以及行业内的其他专业人士进行沟通和协作。这种能力的提升，不仅有助于个人在工作中的表现，也能够帮助他们建立更广泛的职业网络，这对于职业发展来说是无价的。通过这样的网络，个人可以接触到更多的资源和信息，这对于职业成长至关重要。

此外，影响力的增长还能够让个人在组织中扮演更为重要的角色，比如领导者或者关键决策者。这样的角色不仅需要个人运用已有的技能和知识，还需要不断地进行自我提升，更好地指导团队，以便做出更明智的决策。这种持续的自我提升和成长是职业成功的关键。

既然影响力这么重要，那么问题来了，有没有办法可以培养或提升我们的影响力呢？

当然有。

♀ 如何提升自己的影响力?

◆ 建立专业知识和技能

现如今，知识更新迅速、技术不断进步，想要紧跟时代的步伐，不断提升自己的专业知识与技能显得尤为重要。这一过程不仅涉及对基础知识的深化理解，还包括对新技能的掌握和对新技术的应用，从而使自己在这一领域中的专业素养不断提升。

想要成为一个领域内的专家，意味着需要投入大量的时间和精力去研究和探索。包括阅读最新的研究论文、参加行业会议、与同行交流以及在实践中进行应用和创新。通过这些方式不断地扩展我们的专业知识，保持对行业动态的敏感度，从而确保我们始终处于行业的前沿。

当我们对特定领域的知识有了深入的研究之后，就能够在该领域中提出有见地的意见，提供切实可行的解决方案。这不仅能够帮助他人解决问题，还能够在同事、客户或者行业内的其他人士中树立起权威形象。我们的意见和解决方案会被视为可靠和有价值的参考。

随着我们在专业领域的影响力增加，人们会开始寻求我们的意见，对我们的专业知识和技能给予高度的评价。这种尊重和信任是长期积累和努力的结果，它会带来更多的职业机会，提升我们的职业地位，并且使我们在职业生涯中获得更大的满足感和成就感。

◆ 提升沟通和表达能力

掌握有效沟通的艺术是人际交往中一项至关重要的技能。它不仅包括能够清晰地表达自己的观点和想法，还包括能够以一种既能表达自己立场又能尊重他人的方式进行交流。要想做到这一点，需要明确自己的沟通目的，确保在交流过程中，我们所传达的信息能够精准地反映我们的意图和情感。

在语言和言辞的选择上，应当考虑到场合的正式程度、听众的背景以及你想要传达的信息的性质。使用恰当的词汇和句式，避免使用语义模糊不清或者专业术语过多的表达，这样可以确保我们的话语更容易被理解，也更容易引起共鸣。同时，非语言沟通技巧也同样重要，包括肢体语言、面部表情、眼神交流以及语调的抑扬顿挫等。这些非语言的元素能够增强说服力，使得沟通更加生动有力。

此外，有效的沟通不仅仅是单向的表达，更是双向的交流。在沟通的过程中，倾听他人的意见和需求，理解他们的立场和感受，对于建立信任和尊重至关重要。倾听并不仅仅是听取言辞，更是领悟对方的情感和意图，以形成双方都受益的对话。这种双向的沟通不仅能够增进人际关系，还能够在团队和组织层面营造更加开放、包容的沟通氛围，从而使得沟通更加高效、有益，以达到共同的目标。

◆ 建立个人品牌

在这个信息爆炸的时代，个人品牌的建立已经成为在众多竞争者中脱颖而出的关键。通过精心打造和维护个人品牌，不仅能够展示自己的独特价值和专业能力，还能够在潜在客户和同行中树立起一个可信赖的形象。

要树立自己的个人品牌，首先需要在社交媒体平台上积极发声。不仅是分享日常琐事，更重要的是分享那些有深度、有价值的内容。这些内容可以是行业动态、最新研究成果，或者是我们对某个话题的见解和分析。通过这样的分享，可以逐渐在目标受众心中建立起一个专业可靠的形象。

其次，积极参与行业讨论也是建立个人品牌的重要途径。无论是线上的论坛还是线下的研讨会，都是展示我们专业知识和见解的好机会。在这些讨论中，我们不仅可以发表自己独到的观点，还可以与同行交流思想，从而提升自己在行业中的知名度和影响力。

最后，发表专业文章也是树立个人品牌的有效手段。无论是撰写博客文章、杂志专栏，还是在学术期刊上发表研究论文，这些都能够证明我们的专业能力和对行业的深刻理解。这些文章不仅能够为我们赢得同行的尊重，也能够吸引潜在的合作伙伴和客户的关注。

随着个人品牌的不断建立和巩固，我们会发现自己的影响力在逐渐增加。这不仅能够带来更多的职业机会，比如讲座、合作项目等，还能够吸引志同道合的合作伙伴。在这个过程中，个人品牌成为最有力的名片，帮助我们在激烈的竞争中脱颖而出。

◆ 建立信任和可靠性

良好的信誉不仅是行为准则的要求，更是个人责任心的表现。通过坚持这种责任心，我们能够在社会和工作环境中树立起强大的品牌形象。

首先，坚守承诺是建立信誉的基石。无论是日常生活中的小事还是工作项目，履行自己的承诺十分重要。只要承诺会做某件事，那么无论遇到什么困难，都要尽我们所能去完成。这种一诺千金证明我们是值得信赖的人。

其次，诚实是人际交往中不可或缺的品质。始终保持诚实，即使面对可能对我们不利的情况，也不撒谎或误导他人。诚实不仅能够赢得他人的信任，还能够减少误解和冲突，从而促进更加和谐关系的建立。

最后，谨守道德标准，不仅是出于对自己行为后果的考虑，也是对他人的尊重和关怀。这会让我们在他人眼中显得更有责任感，从而赢得信任，在更广泛的社会环境中获得尊重。

尤其是在职场中，当人们看到你是一个坚持原则、值得信赖的人时，他们更愿意与你合作，听取你的意见，并在需要时寻求你的帮助。这种信任和尊重是影响力的源泉，能够帮助你在职业生涯中取得更大的成功。

☺重要的是多少人认识你

在当今社会，有些人以自己微信通讯录里有上千好友为荣。每当这个时候，我都会问他："这些人，你都认识吗？他们都认识你吗？知道你是谁吗？"这一连串问话是不是让你也陷入了深思？

在移动互联网并不发达的时代，我和一位大学同学经常去参加一些讲座和论坛。每次一到会场，我那位同学就会从口袋中掏出名片，一张一张地递给人家，然后将别人的电话号码存储在自己的手机通讯录中。事后，他会跟我说，今天又认识了谁谁谁，看上去就像是结交到一位知己一样。

在我看来，他的那些社交都属于无用社交。

一个人的影响力并不体现在认识了多少人，而是有多少人认识自己。

这个道理非常浅显易懂，但很多人依旧不明白。否则也不会有逢人就拉微信群加微信这样的现象广泛存在了。

具有影响力的人脉，在于深度而非广度。

让我们举一个例子，假设现在有两个人，一个叫杰克，另一个叫艾玛。杰克在各种社交场合都非常活跃，他热衷于参加各种聚会和活动，认识了许多行业内的人士。他的名片盒里装满了联系人信息，社交媒体上的粉丝数以千计。然而，这些联系大多数都是表面的，他们可能只记得杰克的面孔，或者在某个场合见过他，但对杰克的专业能力、个人品质并不了解。

艾玛却不一样，她采取了不同的策略。她更加专注于建立深度关系。她与行业内少数几个关键人物建立了深厚的联系。她不仅在工作上与他们交流，还会在工作之余与他们共进午餐，讨论共同的兴趣和目标。随着时间的推移，这些人开始真正了解艾玛，对她的专业能力和个人品质有了深刻的认识。因此，当有重要的机会出现时，他们会想到艾玛，推荐她参与重要的项目，甚至为她背书。

最终，杰克看似拥有更广泛的社交网络，但在关键时刻并没有得到太多支持和帮助。反观艾玛，她的深度关系网为她带来了更多的机会和成功。这个例子说明一个道理：与其追求庞大的社交网络，不如拥有真正了解你、支持你的人脉。这种质量上的积累，才会对职业生涯和个人生活产生深远影响。

这也是为什么很多企业一直在强调，要与用户互动，要保持用户的黏性。因为一个账号，就算拥有几百万粉丝，如果没有转化率也没用。

♀爱笑的人运气都不会太差

我们经常听到一句话："爱笑的人运气不会太差。"

有人表示，这是一句鸡汤，只能起到安慰剂的作用，并没有实质性的帮助。

然而，真的是这样吗？实际上，爱笑是一种自信的体现，自信本身就是通往成功最重要的一项技能，幸运女神也会多光顾爱笑的人。

◆ 爱笑的人内心充满自信

积极的自我认同和肯定是一种强大的心理力量，它能够在人们遇到困难和挫折时提供必要的支持和动力。当一个人内心深处对自己持有积极的看法，并且不断地对自己的价值和成就进行肯定，这种内在的正面反馈会激发出一种信念，即相信自己具备应对各种挑战的能力和潜力。

这种信念是推动个人前进的关键之一。它使得人们在面对未知和困难时，不会轻易放弃，而是更加坚定地去尝试新的方法和途径。比如，一个对自己有着积极认同的人，在遇到职业上的挑战时，会更加勇敢地接受新的工作机会，或者在学术研究中不畏艰难，勇于探索未知的领域。

当我们遭遇挫折时，积极的自我认同和肯定也能帮我们重拾信心。这样的人会将失败视为成长的垫脚石，而不是绝望的深渊。他们会分析失败的原因，从中吸取教训，并制订出切实可行的改进措施。这不仅能够提升技能和知识，还能够增强心理韧性，使他们在未来的挑战中更加坚韧不拔。

此外，积极的自我认同和肯定还能够激发出人们的创造力和创新精神。当人们相信自己有能力实现目标时，他们会更加开放地思考问题，更愿意尝试新颖的方法，这种积极探索的态度能够带来突破性的成果。

◆ 爱笑的人能够带来积极的影响

笑容和乐观的态度，这两种看似简单的行为，实际上拥有着不可思议的力量。它们不仅能够给个人带来积极的心理效应，还能够在社交环境中产生深远的影响。当一个人面带微笑、心怀乐观时，他们所散发出的正能量就像一束温暖的阳光，照亮了周围人的心情。

这种由内而外散发的积极，往往能够让周围的人感受到一种难以言喻的快乐和舒适。在这样的氛围中，人们更容易放松心情，释放压力。因此，一个总是面带笑容、保持乐观的人，更有机会成为人群中的一股清流，吸引他人靠近，寻求交往和合作的机会。

这种吸引力并不是偶然的，而是因为乐观的人通常能够激发出更多的创造力和解决问题的能力，这些特质在任何合作关系中都是极为宝贵的。

此外，乐观的态度还能够在人际关系中建立起一种积极的循环。当人们与乐观的人建立了良好的关系，自己也会受到鼓舞，变得更加积极和快乐。这种正面的情绪传递，不仅能够提升个人的幸福感，还能够在更广泛的社交圈中传播开来，形成一种积极的氛围。

在职业生涯和个人发展中，拥有良好的人际关系网络是成功的关键之一。乐观的人凭借积极的态度，往往更容易与他人建立联系，这不仅为他们带来了更多的合作机会，还为他们打开了获取资源和信息的大门。这些资源和信息能够在关键时刻，转化为机遇和好运。

◆ 爱笑的人能够应对压力和困难

当我们笑容满面时，身体会释放一种叫内啡肽的化学物质，它能够缓解压力和焦虑，使我们感到轻松和愉悦。同时，乐观的态度也能够改善我们的情绪状态，让我们更加积极向上。

保持积极的心态和乐观的态度，有助于我们更好地应对挑战和困难。当我们面临困境时，消极的心态会让我们感到无助和沮丧，乐观的态度则能够激发我们的积极性和创造力，帮助我们更快找到解决问题的方法。乐观的人更倾向于寻找解决方案，而不是陷入消极情绪中。他们相信自己能够克服困难，这种信念和行动力使他们更有可能找到解决问题的途径。

此外，乐观的态度还能够帮助我们避免陷入消极情绪和困境。当我们保持积极的心态时，更能够看到问题的积极面和解决问题的可能性。乐观的人更加灵活，且适应性强，能够更快地从困境中走出来，并寻找新的机会和可能。

乐观的态度不仅对个人有益，还对周围的人产生积极的影响。当我们保持乐观的态度时，我们的正能量会传递给他人，激发他人的积极情绪和动力。在团队中，这种连锁反应能够创造出更加和谐和积极的氛围。

☿建立属于你自己的飞轮效应

如果有机会让运气可以像飞轮一样不断高速旋转，带着我们一起通往成功之路，岂不美哉？

每个人都可以建立属于自己的飞轮效应。

◆ 找到自己的核心竞争力

了解并发挥自己的优势和特长是构建个人核心竞争力的关键。

这一过程涉及建立一种被称为"飞轮效应"的正向循环机制，它能够推动你不断前进，实现持续的成长和成功。

首先，认识到自己的优势和特长是建立飞轮效应的基础。这意味着我们需要对自己的能力、技能和兴趣进行深入的探索和分析。通过自我反思和评估，可以识别出自己在某些领域的独特才能，这些将成为我们区别于他人的核心竞争力。

其次，不断提升和发展自己的优势。这不仅仅是为了保持现有的竞争力，更是为了在激烈的市场竞争中占据有利地位。我们可以通过持续学习、参加培训、阅读最新的行业资料或者与行业专家交流来不断充实自己，确保自己始终处于行业的前沿。

最后，利用自己的优势和特长形成独特的品牌和价值。品牌是个人或企业对外的形象代表，一个清晰、独特的价值主张则能够让我们从众多竞争者中脱颖而出。这意味着我们需要明确自己提供的产品或服务与众不同的地方，以及它们为客户带来的独特价值。

此外，与他人的合作和交流也是发展个人优势的重要途径。通过与他人合作，你可以学习到新的技能，获得不同的视角，甚至发现之前未曾注意到的优势。这种互动不仅能够帮助我们更好地了解自己，还能够扩展我们人脉网络，为我们的品牌形象增添更多维度的色彩。

◆ 创造价值和解决问题

在职场中，个人要想脱颖而出，就要紧密关注行业动态以及社会的多样化需求。敏锐的洞察力不仅能够帮助我们把握时代的脉搏，更能够使我们在为他人创造价值和解决问题的过程中提升自己的影响力和吸引力。正是通过这样的努力，我们能够在激烈的市场竞争中形成一个强大的气场。

提供有价值的产品或服务，是建立客户信任和口碑的基石。当我们的产品或服务能够满足甚至超越客户的期望时，我们就赢得了他们的信任。这种信任是无形的资产，能够为我们带来更多的合作机会和潜在的合作伙伴。同时，当我们不断为客户提供高质量的解决方案时，我们在行业内的专家形象也会逐渐建立起来。这种形象的建立，不仅能够增强我们的市场竞争力，还能够为我们带来更多的业务机会。

然而，要维持并提升这种竞争力和气场，需要我们持续地关注市场的变化和客户需求的变化。这意味着我们必须不断地学习新知识，掌握新技术，以便优化和改进我们的产品或服务。这种对卓越的不懈追求，成为我们提升核心竞争力的关键动力。通过始终保持对行业发展的敏感性，我们能够更灵活地应对市场的变动。

◆ 建立良好的口碑和信誉

保持诚信和专业的态度不仅是个人道德的体现，更是成功的关键。始终将客户的利益放在首位，除了能够赢得客户的信任和尊重，还能够在市场中树立起良好的口碑和形象。这种正面的形象和信誉是建立个人品牌不可或缺的要素。

诚信是一种宝贵的品质，它意味着我们在任何情况下都坚守诚实和正直的原则。专业的工作态度则要求我们在工作中展现出高水平的技能和知识，以及敬业精神。当这两者结合在一起时，就能够形成一种强大的力量，吸引客户和合作伙伴的关注。

良好的口碑是通过持续提供高质量的服务和产品，以及始终如一的客户优质体验来建立的。它不是一朝一夕就能形成的，需要长期的积累和努力。一旦建立起来，好的口碑就会像滚雪球一样，吸引更多的人与我们合作和交往。人们会因为我们的信誉而信任我们，愿意向我们推荐新的客户，从而带来更多的业务机会。

在商业世界中，信誉更是一种无形资产，它能够帮助我们在潜在客户和合作伙伴中建立起正面期待。当我们被广泛认为是值得信赖和尊重的时候，个人品牌价值自然就会水涨船高。这种信誉的建立，不仅能够帮助我们在现有市场中稳固地位，还有助于拓展新的市场和领域。

◆ 持续推动和改进

当我们在某个领域或项目中取得了一定的成果和成功，这是值得庆祝的，但绝不能因此而自满或停滞不前。相反，我们应该保持谦逊和进取的态度，不断地推动自己前进，追求更高的目标。

成功是一个持续的过程，而不是一个终点。为了保持我们的竞争力和在行业中的领先地位，必须不断地进行自我审视，识别改进的空间，并采取行动来优化工作方式和策略。这意味着我们需要不断地学习新技能、吸收新知识，并且勇于尝试新的方法和技术。

通过不断迭代，我们可以逐步完善自己的产品、服务或解决方案，使其更加精致和高效。每一次迭代都是学习和成长的机会，让我们能够更好地理解市场需求，更精准地满足客户的需要。

同时，创新是保持竞争力的关键。我们应该鼓励创造性思维，不断寻找突破传统框架的新方法。创新可以帮助我们在竞争激烈的市场中脱颖而出，为客户提供独特的价值，从而巩固我们的市场地位。

♀ 让气场自带引力

气场是指一个人散发出的能量场，它反映了一个人的身心状态、气质和魅力等。气场可以通过个人的外在形象、言行举止、情绪状态等方面来展现。一个人的气场可以影响周围人的感受和态度，从而对人际关系、事业发展等方面产生影响。

气场并不是一个客观存在的东西，而是在人际交往中产生的一种感知。一个人的气场可以通过自信、积极向上的态度、专业知识和经验的展示、与他人的良好互动等来提升。同时，一个人的气场也与其内在修养、心态等密切相关。

那么问题来了，如何培养我们的气场呢？

◆ 培养自信心

自信是构成个人魅力和强大气场不可或缺的一个要素。它不仅能够让人在社交中更加从容不迫，还能够在面对挑战时提供坚定的心理支持。要想培养和增强自信心，就要经常对自己说"我可以"，相信自己的能力和价值，即使遭遇了失败和挫折也不放弃对自己的信任。

为了进一步提升自信，我们可以采取多种策略。比如，参加演讲课程。在公众面前讲话，能够锻炼人的勇气和表达能力，同时也能够提高处理紧张情绪的能力。随着演讲技巧的提高，人们的自信也会随之增长。

此外，参与表演活动也是一种提升自信的好方法。无论是戏剧、舞蹈还是音乐表演，这些活动都要求参与者在台上展示自己。通过不断的练习和表演，人们可以逐渐克服舞台上的紧张感，变得更加自信和从容。

需要强调的是，挑战自己的舒适区也是提升自信的一个重要途径。舒适区是我们习惯的生活和工作状态，但长时间停留在舒适区会限制我们的成长。通过设定新的目标，尝试新的挑战，我们可以逐步扩大自己的舒适区。在这个过程中，我们的自信心也会得到增强。

◆ 训练身体语言

身体语言作为一种非言语的沟通方式，对于展现个人魅力和气场起着至关重要的作用。它不仅能够传达我们的情绪和态度，还能够在无形中影响他人对我们的看法。要想有效地展现自己的气场，学习和掌握正确的身体语言技巧是不可或缺的一步。

保持挺胸抬头的姿态是一个基本而又关键的要点。这种姿态不仅让我们看起来更加自信和有力，还能够帮助我们更好地呼吸，从而减轻紧张和焦虑的感觉。当胸部挺起，头部抬高时，我们的气场自然而然会得到增强。

放松肩膀也是提升气场的一个重要方面。紧绷的肩膀往往给人一种紧张和不自在的感觉，而放松的肩膀则能够传递出一种轻松和自信的氛围。通过有意识地调整肩部的状态，不仅能够改善自己的身体语言，还能够在与人交流时显得更加亲切和平易近人。

保持稳定的姿势同样是增强气场的有效方法。无论是站立还是坐着，保持稳定的姿势都能够帮助我们在各种场合中展现出坚定从容的态度。这种稳定的姿态不仅能够让我们看起来更有权威，还能够帮助我们更好地控制场面，使我们在与他人互动时显得更可靠。

为了进一步提升身体语言的能力，可以参加舞蹈、瑜伽等课程。舞蹈课程不仅能够提高身体协调性和节奏感，还能够教会我们如何通过身体的舞动和节奏来表达情感和个性。利用肢体动作、表情和姿势来传达各种情绪，从而更自信地展示自己。

◆ 培养人际关系

与积极、充满正能量的人建立深厚的人际关系，对我们的个人成长和发展具有不可估量的价值。这些人通常拥有一种独特的魅力，他们的积极态度和正面思维能够影响和提升我们的情绪和精神状态。当与这样的人建立起良好的联系时，我们的气场也会随之增强。

通过与这些积极向上的人交流，我们不仅能够获得新的视角和思考方式，还能够学习到如何在逆境中保持乐观，如何在挑战面前展现出坚韧不拔的精神。他们的态度和行为往往能够激发我们的内在潜力，促使我们超越自我。

◆ 培养个人品位

一个人的品位，是一种生活态度的体现。通过不断地培养和提升自己的审美能力，我们可以更好地理解和把握美的真谛。

审美能力的提升，往往需要我们关注时尚潮流，但这并不是说盲目追随。相反，我们应该学会在潮流中寻找适合自己的元素，将其融入个人的穿着打扮中，使自己既不脱离时代，又能够保持个人特色。时尚是不断变化的，在变化中找到自我定位的人，往往能够在人群中脱颖而出。

除了时尚感的培养，个人形象和仪态同样不容忽视。得体的着装不仅能够让人看起来精神焕发，还能够在无形中增加他人对我们的好感。而良好的仪态，则是品位的另一面镜子。它反映了一个人的内在修养和教养，是气场的重要组成部分。无论是站立、行走还是举止谈吐，都应该体现出一种从容不迫、优雅自信的态度。

◆ 培养专业能力

专业能力是塑造个人魅力和提升气场的关键因素。通过持续的学习和不断的实践，深化对专业领域的理解，提高解决问题的能力，从而在各种情境中展现出我们的专业性和才华。

当在自己的专业领域内积累了丰富的知识和经验，我们会更加自信地面对工作和生活中的挑战。这种自信不是盲目的，而是建立在对自己能力的清晰认识和不断验证的基础上。自信会通过言谈举止、决策方式以及问题解决的效率自然流露出来，这些都是气场的重要组成部分。

此外，当我们在专业领域不断地取得进步时，同事和上级也会开始注意到我们的成长和变化。他们会因为我们的专业表现而产生敬意，这种认可和尊重会进一步增强我们的自信心，从而形成一个积极的循环。

气场不仅有助于职场中的晋升，在日常生活中，这种自信和专业能力的提升也将显著地影响我们的社交能力。我们会发现自己与他人交往更加轻松自如，能够更有底气地表达自己的观点和意见。这种积极的社交心态有助于建立更加深厚的人际关系。

◆ 培养情绪管理能力

情绪管理在很大程度上决定了我们能否在社交场合中展现出强大的气场。当我们学会如何有效地控制自己的情绪，能够时刻保持一种冷静和平和的态度时，就能时刻保持一种稳定而自信的气质。

这种气质源自内心的平和与坚定，它不是一朝一夕就能培养出来的，而是需要我们在日常生活中不断地练习和提升。通过情绪管理，我们可以学会在面对压力和挑战时，不被负面情绪所左右，能够从容不迫地应对各种情况。这样，我们就能够更加专注于目标，更加有效地沟通和表达自己的观点。

当我们掌握了情绪管理的艺术，就能够展现出一种沉着冷静、自信满满的气场。这种气场会让人感觉到我们是一个可靠、值得信赖的人，同时也会让我们在他人心中留下深刻的印象。因此，对于展现气场来说，情绪管理能力确实是非常重要的。

此外，良好的情绪管理也反映了我们的成熟和稳重。当我们能够冷静地处理各种情绪，并以理性和平和的态度面对问题时，我们展现出的是一种成熟和自信的形象，这种形象会赢得他人的尊重和欣赏。

第七章

社会环境
——运气的催化剂

♀环境可以改变运气的基础概率

何谓基础概率？是指在没有任何其他信息或条件下事件发生的概率。它是根据事件的可能性和样本空间的大小来计算的。基础概率通常是根据统计数据或理论模型得出的，它不考虑任何特定的背景信息或条件。

举个例子，现在有两个池塘，大小都一样，一个池塘里面有1000条鱼，而另一个池塘里面只有10条鱼。请问，去哪个池塘才更有可能钓到鱼呢？

这还用问吗？当然是去前面有1000条鱼的池塘。

在个体的成长和发展过程中，环境因素扮演着至关重要的角色，它们不仅能够塑造一个人的性格和世界观，还能够对其能力和技能的形成产生深远的影响。在这个多元化的世界中，每个人都是在不同环境中成长起来的，而这些环境条件会直接影响到一个人的能力培养和目标追求。

首先，教育是影响个人发展的关键因素之一。一个充满鼓励和资源丰富的教育环境，能够为学生提供广泛的知识体系和多样化的学习体验。在这样的环境中，学生能够接触到各种学科知识，培养批判性思维和解决问题的能力，这些能力对于他们未来的学术和职业生涯至关重要。

其次，家庭支持是另一个不可忽视的因素。家庭是个人成长的第一个社会环境，家庭成员的支持和鼓励对于孩子的自信心和自我价值感的培养至关重要。一个关爱和支持的家庭环境能够帮助孩子建立起积极的人生观，这种积极的心态会在他们的成长过程中起到促进的作用。

最后，社会资源的可获取性也会对个人的成长产生显著影响。社会资源包括图书馆、文化中心、体育设施等公共设施，这些资源为个人提供了学习新技能和拓宽视野的机会。此外，社区活动和志愿服务等社会实践也是重要的学习平台，它们能够让个人在实践中学习和成长，增强社会责任感和团队协作能力。

除此之外，环境还拥有塑造和影响一个人心理状态的巨大力量。这种影响力不仅局限于短暂的情绪变化，更能深入到个人的心里，无形中调整一个人的行为模式和决策过程。

具体来说，当一个人置身于一个充满正能量、乐观向上的环境中时，会激发出更多的自信与积极性。在这样的环境中，人们更容易感受到支持和鼓励，从而增强个人的自尊和自我效能感。自信心的提升使得人们敢于直面挑战，勇于尝试新事物。

此外，一个积极的环境还能够减少压力和焦虑，使人们的心态更加平和，决策时也更加理性和明智。在这样的心态驱动下，人们更有可能做出对自己有利的选择，无论是职业发展还是人际交往，都能够更加游刃有余。

最重要的是，环境和个人努力之间也有相互作用关系。在很

第七章 · 社会环境——运气的催化剂

多情况下，优越的环境能够为个人提供更为丰富的机遇和资源，这无疑是推动个人成长和成功的重要外部条件。在这样的环境中，我们可以通过积极参与各种活动，利用可用的资源，不断提升自己的能力和技能，将逆境转化为成长的催化剂。

♀ 为什么要重视家庭教育？

我遇见过很多人，其中很多已为人父母，他们告诉我，家庭教育是一个人成长中最重要的一部分。家庭教育不仅仅是父母对子女的言传身教，更是一种情感的交流和互动。在温暖的家庭氛围中，孩子们学会了爱与被爱，学会了关怀与尊重。

除此之外，家庭也是价值观传承的重要场所。在家庭中，父母会向孩子传递他们的道德观念和行为准则。这些价值观的内化将指导孩子们在未来的人生道路上做出正确的选择，并影响他们的社会责任感和公民意识。

◆ 性格的养成

个体的心理特征是其独特性的重要组成部分，这些特征的形成与家庭教育有着密切的联系。更确切地说，家庭为孩子提供了一个成长的摇篮。在这样的环境中，亲子关系的质量、家庭的和谐氛围，以及父母所采用的教育方法，都扮演着至关重要的角色。它们就像技艺高超的雕刻师，用刻刀细心而精准地塑造着孩子性格的每一个细节。

比如，当孩子在成长的旅途中，得到了父母的无条件关爱和坚定支持，这种正面的情感滋养会使他们更容易形成积极向上的人生态度。在面对生活的挑战时，这样的孩子能够以更加乐观的心态去应对，因为他们知道，无论成功与否，背后都有一个温暖的家和一对支持他们的父母。

如果一个家庭教育的方式走向了极端，无论是过于严厉还是溺爱，都可能在孩子的性格发展过程中埋下隐患。过于严厉的教育可能会使孩子感到压抑，难以自由表达自己的想法和情感，导致他们在未来的人际交往中显得过于内向或者缺乏自信。而溺爱则可能使孩子形成依赖性强、以自我为中心的性格。等他们步入社会后，可能会在适应环境和建立良好人际关系方面遇到障碍。

◆ 个人价值观和道德观的形成

在家庭这个小小的社会单元中，父母扮演着至关重要的角色。他们的每一个动作、每一句话语，都无形中塑造着孩子的世界观和价值观。孩子们如同一张白纸，父母的言行举止、对待生活的态度、解决问题的方法，都会在不知不觉中被孩子内化，成为他们成长过程中的重要参照。

在充满爱与关怀的环境中，父母如果能够展现出对正义的坚持、对责任的担当，无疑会对孩子产生深远的影响。孩子们会自然而然地学习到如何关爱他人，如何在面对不公时勇敢站出来，如何在集体中承担起自己的责任。这样的家庭教育，无疑是对孩子最宝贵的财富。

在孩子的一生中，这些品质发挥着重要作用，为孩子们未来在社会中的立足，奠定了坚实的基础。因此，家庭不仅是传递文化的摇篮，更是塑造价值观、培养良好品德的第一阵地。

◆ 学习能力和社会交往能力

父母对待学习的态度，不仅反映了他们对教育的重视程度，还直接影响着孩子对学习的看法。当父母展现出对知识的渴望和对学习的积极时，孩子们往往会模仿，从而形成积极的学习习惯。

家庭中的学习氛围对孩子学习能力提高的影响是不可忽视的。如果家中有专门的学习区域，父母带头定期进行阅读和讨论，这样的氛围会自然而然地引导孩子们投入学习，探索未知的领域。父母的引导和支持，无论是监督作业还是提供必要的资源和鼓励，都是孩子学习能力提高的关键。

此外，一个重视教育、鼓励探索的家庭环境，能够有效地激发孩子的学习兴趣。在这样的环境中，孩子们不仅能够获得知识，还能够培养自主学习的能力，这对他们未来的学术和职业生涯都是极为宝贵的资产。

家庭中的亲子互动和家庭成员之间的交往模式，对孩子的社交能力同样有着深远的影响。通过日常的互动，孩子们学习如何表达自己的情感，如何倾听他人的意见以及如何解决冲突。一个和谐、开放的家庭环境，可以为孩子提供一个安全的空间，让他们能够自由地表达自己，学会尊重他人，这些技能在他们与他人建立稳定而健康的关系时至关重要。

尽管家庭教育对一个人来讲非常重要，但并不是每一个人都能拥有幸福美满且具有正向作用的家庭环境。

人的一生，尤其是在成年之后，所处的环境并不是一成不变的。因此，如果我们并没有家庭教育这一优质的环境，可以在成年之后自行改善环境，多与优秀的人接触，让我们的成长环境变得更为优质。

当然，我们在组建了自己的小家庭后，也要注意给我们的下一代尽可能提供一个优质的环境。如果好运的种子落在了土壤肥沃的土地，自然就能开花结果。反之，再好的种子，如果落在了沙漠，就永远只是一颗种子了。

⚲ 环境对一个人的影响有多大？

罗伯特·萨波斯基在《注定: 没有自由意志的生命科学》中提到，如果一个人小时候受过身体、情感等方面的虐待，或者在身体和情感方面被家长忽视，或者生在一个不完整、不能正常行事的家庭中，不利因素每增加一项，这个人成年以后出现反社会行为的可能性就会随之增加。

随着数字化时代的迅猛发展，我们所处的环境正经历着翻天覆地的变化。这些变化不仅局限于技术层面，更深刻地影响着人们的思维习惯和认知模式。在这个过程中，社交媒体的广泛应用无疑起到了关键作用。它改变了人们获取信息和进行交流的方式，使得快速、简短的信息传播成为常态。

此外，互联网的普及和搜索引擎的便捷性也极大地改变了人们的学习习惯。在过去，人们可能需要花费大量时间去图书馆查阅资料，或者通过记忆来积累知识。现在只需几次点击，海量的信息便呈现在眼前。移动设备的普及更是让人们随时随地都能获取所需信息，这无疑在很大程度上减轻了记忆的负担。

然而，这种便利也可能带来副作用，那就是人们对自己的记忆力和深度思考能力的依赖性逐渐减弱。在面对复杂问题时，人们可能更倾向于寻求外部帮助，而不是依靠自己的思考和记忆。

不同的工作环境也会给员工带来截然不同的行为习惯。

一个人所处的工作环境不仅关系到日常工作的舒适度，更深刻地影响着他们的思维习惯和行为模式。具体来说，一个充满创新气息的工作环境往往能够激发员工的潜能，鼓励他们跳出传统框架，提出新颖的想法和解决问题的创新方法。在这样的环境中，员工们被赋予了尝试新事物的勇气，他们的创造性思维得到了锻炼和提升，同时也培养了冒险精神，愿意在面对挑战时采取非传统的解决策略。

相比之下，一个传统保守的工作环境可能会对员工的思维发展产生限制。在这样的环境中，员工们往往被要求严格遵守既定的规则和程序，这虽然有助于维持秩序和效率，但也可能使员工形成一种固定的思维方式，习惯于按照既定的模式去思考问题，缺乏灵活性和创新性。长此以往，员工可能会失去探索新思路的意愿，对于变革和创新持保守态度，这对于个人的职业发展和企业的进步都可能构成潜在的障碍。

环境因素还可能对我们的运气产生重大影响。因为思维方式和习惯在很大程度上决定了一个人如何与世界互动，以及他们能够捕捉到什么样的机遇。

这就是为什么许多人坚信，北、上、广等一线城市拥有更为丰富的机会和更加广阔的发展前景。这些城市以其独特的文化氛围、经济发展水平和高度聚集的资源，为居民提供了更多的职业选择、教育资源和社会交往的可能性。在这样的环境中，个人的思维方式往往更加开放，更容易接受新鲜事物，同时也更有可能遇到改变命运的机会。

因此，对于许多即将面临高考的学生来说，都倾向于选择前往北京或上海这样的大城市继续他们的学业和职业生涯。很多人相信，在这些充满活力的大都市中，他们能够接触到更多的知识和信息，结识来自不同背景的人，从而拓宽视野，提升自己的竞争力。

"请试一试无知的代价"

在所有环境因素中，教育是一个人相对可控的一个变量。

教育对一个人的影响至关重要。

在当今社会，教育被视为一项重要的投资，尽管这项投资往往需要巨大的经济支出，但它的价值却是无法用金钱来衡量的。相对于教育的成本，无知的代价往更为沉重，它不仅影响个人的成长和发展，还可能对社会造成长远的负面影响。教育的重要性在于它能够赋予人们知识和智慧，这些是个人发挥潜能和社会实现进步的关键因素。

通过教育，人们可以获得必要的知识和技能，以更好地适应世界的变化，做出明智的决策，抓住机遇，避免被操纵和欺骗，并有效地应对生活中的各种挑战。

当然，生活中总会有一些不可预见的情况，或许你在过去的某个时刻因为种种原因错过了继续接受教育的机会。但是，社会的进步为我们提供了更为广阔的舞台，让我们有更多的机会去追求知识和技能的提升。

教育的形式多样，它不仅仅局限于传统的学校的教室。随着科技的发展，网络学习平台如雨后春笋般涌现，为那些渴望知识的人们提供了便捷的学习途径。这些平台不受时间和地点的限制，只要有兴趣和决心，都可以随时随地开始学习之旅。除了线上学习，还有许多其他形式的教育途径可供我们选择。比如，职业培训、公开课程、研讨会、工作坊等。它们可以帮助我们在特定领域获得更深层的知识，或者掌握新的实用技能。

年龄、背景或者是之前的经历，都不是继续接受教育的障碍。每个人都拥有平等的机会，通过不懈的努力和积极的学习态度，去实现自己的目标。这不仅仅是获取知识，更是个人成长和发展的过程。最为关键的一点，莫过于培养并保持一种终身学习的状态。

在这个知识更新迅速、技术革新不断的时代，那些愿意学习的人才能紧跟时代的步伐，不断地推陈出新，完善自我，并不断地充实自己的知识库和技能储备。学习不仅仅是获取知识的行为，更是一个吸收经验、提升智慧的过程。

当我们持续不断地学习时，就像在为自己的未来不断积累好运。每一次学习，无论多么微小，都是对自我能力的一次提升，都是对未来的一次投资。这些看似微不足道的学习积累，最终会像滚雪球一样，逐渐汇聚成一股强大的力量，形成一个推动我们向前的巨大飞轮。

这个飞轮会随着我们学习的深入而旋转得越来越快。在这个过程中，我们会遇到各种挑战和困难，但正是这些挑战和困难激发了我们继续学习的欲望，促使我们不断探索未知，不断超越自我。

第八章

心态
——如何看待运气

♀ 成功失败都归于运气？

在生活中，我们经常会遇到这样的人。

有些人在面临失败或者在某件事情上没有达到预期的效果时，往往会归咎于自己的运气不佳。例如，当他们在考试中没有取得好成绩时，他们会说是因为自己运气太差；当他们在创业过程中遭遇挫折时，他们会抱怨自己运气不好，没有遇到合适的合作伙伴和有利的时机；甚至在日常生活中，当他们不小心摔了一跤时，也会认为是自己运气不佳。

然而，我们也会遇到一些人，他们在取得成功或者在某个领域取得显著成就时，会将这一切归功于自己的运气。他们认为自己之所以能够成功，是因为自己在关键时刻遇到了好的机遇，或者在适当的时候遇到了能够帮助自己的人。

虽然他们都将原因归于运气，看似是一样的，但二者的心态却是全然不同的。

在之前的章节中，我们已经讨论了决定运气的六个维度，但实际上，尽管一个人可能在这些维度上都取得了高分，也就是说，他已经做足了准备，付出了努力，选择了有利的环境，抓住了正确的时机，但可能仍然没有取得预期的成就，或者没有达到自己设定的目标。因为运气的本质是概率。六个维度可以显著提高一个人遇到好运的概率，但仍然不是百分百，也无法达到百分百。

因此，除了这六个维度之外，还有一点也非常重要，那就是心态。心态是我们对待生活的态度，是我们面对困难和挑战的态度，是我们看待成功和失败的角度。积极的心态可以帮助我们在面对困难时保持坚韧不拔，让我们在失败时不放弃，让我们在成功时保持谦逊。

成功，无疑是每个人都渴望达到的，它带来的欢欣和满足感是难以言表的。然而，我们也不能忽视失败的价值。

在马拉松比赛中，跑得快当然重要，但并非唯一的目标。有时候，我们可能会因为各种原因跑得慢一些，可能是体力不支，可能是策略调整，也可能是外界环境的影响。但无论速度如何，最关键的是我们能坚持到底，一直跑下去。这种坚持，这种毅力，比短暂的速度更能决定最终的成败。

同样，在我们的人生旅程中，失败就像是马拉松赛道上的障碍物，可能让我们摔倒，可能让我们感到痛苦和挫败。但是，这些失败的经历也是对我们意志和能力的考验。每当我们跌倒时，最重要的是重新站起来，调整好自己的状态，继续前进。

古人有云："塞翁失马焉知非福。"这句话揭示了一个深刻的真理：有时候，一些看似不幸的失败，反而可能成为我们未来成功的契机。如果我们能够从长远的角度看待失败，就会发现，有些失败其实是在为我们铺设通往成功的道路。它们带给我们宝贵的经验，锻炼我们的意志力，甚至有时候，还能为我们打开新的可能性和机会。

☯ 保持谦卑之心

谦卑是一种美德，它能够使我们更加谦虚和谨慎地面对生活中的各种挑战和机遇。当保持谦卑之心时，我们会更加珍惜眼前的幸福和成功，不会过于自满和骄傲。

谦卑之心能够帮助我们保持谦逊的态度，不把自己看得太高，也不轻视他人的存在。这种态度使我们能够更好地与他人相处，建立良好的人际关系。当我们与他人相处时，我们会更加尊重他们的意见和观点，不会轻易妄自尊大，而是愿意倾听和学习他人的经验。这样的态度不仅能够赢得他人的尊重和信任，也能够为我们带来更多的机遇。

保持谦卑之心还能够帮助我们更好地认识自己。当保持谦逊的态度时，我们会更加客观地审视自己的能力和不足之处。我们不会过分夸大自己的成就，也不会忽视自己的缺点。相反，我们会努力改进自己的不足，不断提升自己的能力和素质。这能够使我们不断成长和进步，为未来的成功打下坚实的基础。

此外，谦卑之心还能够帮助我们更好地应对挫折和失败。当我们保持谦逊的态度时，我们会更加坦然地面对失败，不会过于沮丧和气馁。相反，我们会从中吸取教训，找到失败的原因，并努力改正自己的错误。这使我们在失败中成长，变得更加坚强和自信。

总之，保持一颗谦卑之心，也是决定运气的六个维度的加分项。

那么问题来了，如何才能保持一颗谦卑之心呢？

◆ 自我反思

经常花时间去深入思考自己的行为和思想，是一种有益的加强自我认知的方式。通过这种自我反思，我们可以更加客观地审视自己的优点和缺点，从而更好地认识自己。

通过经常思考自己的行为，我们可以回顾自己在不同情境下的表现，审视自己的决策和行动是否符合道德准则和价值观。这有助于我们发现自己的行为中可能存在的偏差或错误，并及时进行调整和改进。同时，通过思考自己的行为，我们也可以发现自己的优点，比如在某个特定领域的才能或者在处理某些问题时的智慧。这些优点可以成为我们自信和自尊的来源，激励我们继续努力。

其次，经常思考自己的思想，可以帮助我们更深入地了解自己的内心世界。思想是我们对世界的认知和理解，它影响着我们的行为和态度。通过思考自己的思想，我们可以审视自己的观念是否合理、是否有偏见，以及是否存在一些不健康的想法。这有助于我们更好地认识自己，并且能够更加理性地看待事物。

通过自我反思，我们也会意识到自己并不是无所不知、无所不能的。我们会发现自己在某些方面存在盲区，或者在某些问题上缺乏足够的经验和技能。这种认识有助于我们培养谦卑，使我们能够虚心地向他人学习和请教。

◆ 倾听他人

这种倾听并不仅限于我们赞同的观点，更重要的是面对那些我们存在异议或自认为拥有更深刻见解时的态度。当我们选择耐心聆听，不仅仅是为了表面的礼貌，而是要真正地尝试理解对方的立场和想法时，这也是在为自己打开学习和成长的大门。

通过倾听，我们有机会从他人的经验中吸取养分，无论是成功的经验还是失败的教训，都可能成为我们未来决策中的宝贵财富。每个人的经历都是独一无二的，因此，即使是看似平凡的分享，也可能激发我们的灵感，帮助我们在未来的道路上避开陷阱，或者发现新的机遇。

此外，展现出对他人意见的尊重不仅能够增强人际关系，还能够营造一种积极的交流氛围。当人们感觉到自己的声音被重视时，会更愿意分享自己的想法和知识，这种互动可以促进团队合作，增强集体智慧。尊重他人也意味着我们愿意接受不同的观点和思维方式，这种多元化的视角是个人成长中不可或缺的。

◆ 承认错误

犯错是在所难免的，更重要的是我们如何面对这些错误。当我们意识到自己犯错时，最为明智的做法是勇敢地承认这一事实，并且积极寻求改正的途径。这种勇于承认并改正错误的态度，是一种成熟和自我提升的表现。

谦卑的人深知，自尊心不应成为阻碍我们成长的障碍。他们不会因为固执己见或是为了面子而拒绝承认错误。相反，他们会以一种开放的心态看待错误，将其视为一次宝贵的学习机会。在这个过程中，他们不仅能够从错误中吸取教训，还能够通过反思和实践，将这些教训转化为个人成长和进步的动力。

谦卑并不意味着自我贬低或是缺乏自信，而是一种对自己能力和局限有着清晰认识的智慧。它使我们能够更加客观地评估自己，从而在犯错时能够迅速调整方向，避免在错误的道路上越走越远。

◆ 避免比较

在这个充满竞争和比较的世界中，我们很容易陷入将自己与他人进行无休止比较的陷阱。然而，这种做法毫无益处，甚至可能对我们的心理健康造成损害。每个人都有自己独特的生活轨迹，面临着不同的挑战和机遇。因此，我们应该将注意力集中在自己的成长和进步上，而不是不断地与他人竞争。

每个人的生活节奏和对成功的定义都是不同的。有些人可能在事业上迅速取得成功，而其他人则可能在个人生活或其他领域取得突破。如果我们不断地将自己与他人比较，就容易忽视自己已取得的成就，会感到沮丧和不足。

专注于自己的成长意味着我们要设定个人目标，并为之努力。这些目标应该是根据自己的兴趣、能力和生活情况来定制的，而不是基于他人的期望或以社会的大多数为标准。通过追求个人目标，我们可以发展自己的技能，增强自信，并在自己选择的领域中取得进步。

此外，将自己的旅程与他人的旅程做比较，往往会忽略一个重要的事实：每个人都不可能对另外一个人了如指掌。我们可能无法看到他人在背后付出的努力，或者他们所面临的困境和痛苦。因此，比较是不公平的，也是没有意义的。

♀尽人事，听天命

在人生的旅途中，我们常常期待着一切都能够顺利发展，能够一帆风顺，但现实往往并非如此。有时，我们会遭遇到意想不到的挫折和失败，这些挫折和失败会让我们感到沮丧和失落。

每个人都有自己的梦想和目标，有我们渴望去做的事情，有我们希望能够实现的理想。我们心中充满了对未来的憧憬和期待，梦想是丰满的，充满了色彩和希望。然而，现实却往往是骨感的，它并不像我们想象中的那么美好。在追求目标的过程中，我们经常会遭遇挫折，会在前进的道路上摔倒。

当我们经历了多次失败，我们的信心可能会受到严重的打击。我们可能会变得对未来感到害怕，对生活感到不满，开始抱怨命运的不公，开始自暴自弃，从此过上一种平庸、无为的生活，甚至可能会陷入一种被称为"习得性无助"的心理状态，这种状态下的人们会感到无法改变自己的命运，无法摆脱当前的困境。

除此之外，我们还可能开始怀疑自己当初设立的目标是否合理，是否值得我们去追求。我们会质疑自己，是否梦想太过遥不可及，是否目标太过理想化，是否我们应该降低自己的期望，接受现实的安排。

当然，这些生活中的起起伏伏都是人生的常态。在这个充满挑战和变化的世界里，想要拥有一个完全没有失败的人生，实际上是不太现实的。

既然挫折是不可避免的，那我们能做的就是调整心态。我们的内心足够强大，就能够迅速地从失落中恢复过来，重新踏上人生的征程。同时，我们需要坦然面对一个事实，绝大多数人都是普通人，没有人是天生的强者。那些看似强大的人，实际上都是在一次又一次的挑战和困难中，通过不断的摸爬滚打，逐渐锻炼出自己的内心力量。

在变得足够强大之前，我们无法让自己的内心在瞬间变得坚不可摧，唯一能够做到的，就是学会接受生活中的起起伏伏。正如孔子在两千多年前就教导我们的那样："尽人事，听天命。"我们应该尽自己最大的努力去做好每一件事，但同时也要懂得顺其自然，接受生活中的种种安排，这样我们才能更好地面对人生的种种挑战。

全力以赴，但同时也要有一颗敬畏之心，尊重自然和宇宙的规律。这意味着，即使我们付出了极大的努力，如果最终事情没有按照预期发展，我们也不应该感到绝望或放弃。重要的是，我们已经尽力了，这个过程本身就价值非凡。

对于那些我们能够掌控和影响的部分，我们应该积极主动地去投入更多的努力。然而，对于那些我们无法控制的部分，应该学会放手，顺其自然地接受。这并不是说我们要对这些事情漠不关心，而是要认识到，有些事情是我们无法改变的，而过度的担忧和焦虑只会给自己带来不必要的压力。

当我们专注于自己能够控制的事物时，我们会更有动力去实现自己的目标，而不会被那些无法控制的因素所困扰。同时，我们也会更加珍惜和感激那些我们已经拥有的，而不是过分追求那些无法得到的。

尽人事，听天命，并不是一种消极的态度，而是一种豁达的心态。